煤质近红外光谱智能分析理论与应用

李 明 雷 萌 著

科学出版社

北 京

内 容 简 介

为了充分利用煤炭资源，必须及时掌握煤质的变化规律。受测量方法和相关技术限制，传统的煤质分析技术已不能满足煤炭生产、加工和利用等过程的要求。煤质近红外光谱分析技术是一种新兴的煤质快速检测方法，可实现煤质全元素的快速在线分析。由于该技术是一种间接分析方法，预测结果的准确性主要依赖于建模数据及方法。鉴于此，针对煤样光谱数据存在的不稳定因素多、维数高、特征变异范围广等问题，本书基于机器学习方法，建立相应的煤质近红外光谱分析系统框架，并围绕影响其应用的四个关键问题展开研究，具体包括：建模样本优化筛选研究，煤样光谱数据的恢复处理研究，煤样光谱数据压缩处理研究，煤样光谱定性与定量分析方法研究。最后，据此构建煤质的快速在线分析模型并进行应用研究。书中所形成的研究成果，近红外光谱技术在煤质快速在线分析方面的应用，可大幅提高煤质近红外光谱分析模型的预测准确度，具有重要的理论意义和实际应用价值。

本书适用于控制科学与工程、煤化工、分析化学等学科方向本科生、研究生及相关领域的研究人员。

图书在版编目(CIP)数据

煤质近红外光谱智能分析理论与应用/李明，雷萌著. —北京: 科学出版社，
2018.11
  ISBN 978-7-03-059303-0

  Ⅰ. ①煤⋯ Ⅱ. ①李⋯ ②雷⋯ Ⅲ. ①煤质分析–光谱分析–研究
Ⅳ. ①TQ533.6

  中国版本图书馆 CIP 数据核字 (2018) 第 251110 号

责任编辑：惠 雪 邢 华 / 责任校对：杨聪敏
责任印制：张克忠 / 封面设计：许 瑞

科学出版社 出版
北京东黄城根北街 16 号
邮政编码：100717
http://www.sciencep.com

天津市新科印刷有限公司印刷
科学出版社发行 各地新华书店经销

＊

2018 年 11 月第 一 版 开本：720×1000 1/16
2018 年 11 月第一次印刷 印张：11 1/4
字数：226 000
定价：89.00 元
(如有印装质量问题，我社负责调换)

前　　言

煤炭是我国的主体能源,升级煤炭消费方式、清洁高效利用煤炭是保障我国能源安全、改善生态环境的必然要求。《中华人民共和国国民经济和社会发展第十三个五年规划纲要》指出要大力推进煤炭清洁高效利用,并将其作为能源转型发展的立足点和首要任务。为充分有效地利用煤炭资源,在开采、加工、利用等各个环节,都需要对其品质进行分析。传统分析方法,因存在过程烦琐、分析时间长等不足,不能在煤炭加工利用过程中实时反馈质量情况。因此,为满足绿色开采、综合开发、节能环保等需求,实现煤炭产业、技术及模式的创新,研究高准确度、强鲁棒性的煤质快速分析方法尤为迫切。

近红外光谱分析技术是通过物质对近红外光的吸收而建立起来的一种快速分析方法。由于具有分析速度快、无损、样品无须预处理、可同时测定多项指标等诸多优势,近些年,部分学者开始将其用于煤质分析。然而,煤样光谱中谱峰重叠严重、噪声与冗余信息含量高,难以从中获取高质量的有效特征信息。针对具有谱峰重叠严重、高噪声干扰、高特征维数等特点的煤样光谱,如何快速捕获有用信息,基于清洁数据如何建立高效的煤质分析模型实现配煤过程中煤炭品质的在线分析,都迫切需要提出新颖且有效的解决方法。

根据煤质近红外光谱分析技术中各环节研究对象的不同,将全书划分为 4 个部分。

第 1 部分 —— 引言,对应第 1 章“绪论”与第 2 章“煤质近红外光谱分析理论与技术”。主要介绍本书的研究意义、研究现状、研究目标、研究内容和研究方法等,并对相关的基础理论与工作进行概述,主要包括:建模分析煤样的采取与制备、煤样常规分析指标真实值 (标准化验法) 的测定、煤质近红外光谱分析的基本原理、煤样光谱数据采集条件、基础的建模分析理论与方法,以及用于综合评价分析模型预测性能的多种评估函数 (参数)。

第 2 部分 —— 建模样本数据的优化选择,对应第 3 章“煤炭光谱数据的优化和校正”。针对近红外光谱数据易受实验环境、煤样状态等因素影响的问题,研究煤粒度对光谱数据准确性的影响,给出 4 种粒度等级下的煤样光谱数据与各项指标真实值的相关性分析,并提出基于距离测定的异常样本及基于并行最小二乘回归估计的争议样本的判别剔除方法,优化建模样本的质量。

第 3 部分 —— 光谱数据处理,对应第 4 章“煤炭光谱数据的恢复去噪”与第 5 章“煤炭光谱数据的筛选压缩”。针对煤样光谱数据信噪比低、特征维数高等问题，给出常用的光谱数据恢复去噪与压缩筛选方法。研究光谱数据中常见噪声干扰的消除及特征谱峰信息的增强，分析常见光谱数据恢复方法的适用性，给出基于拟线性局部加权法的光谱散射校正，针对性消除煤样光谱中的散射干扰，并提出基于粗糙惩罚法的光谱优化平滑模式，用于滤除光谱数据中的随机噪声。针对煤样光谱中高维高冗余问题，研究基于要点排序法的波长点向前选择和基于优化组合法的谱区选择的光谱特征选择方法，给出基于核主成分分析、局部多尺度变换及局部线性嵌入方法的光谱特征提取，以实现光谱数据高效压缩。

第 4 部分 —— 分析模型的构建，对应第 6 章“煤质近红外光谱定量分析模型”与第 7 章“煤质近红外光谱定性分析模型”。针对建模数据集中样本变异范围宽、特征分布离散度大等问题，构建基于支持向量回归机、分层随机森林和集成神经网络的定量分析模型，并根据煤样各项指标间的变换关系式，对分析模型的最终输出结果做进一步调整与修正。为实现煤产地的快速鉴别，研究基于支持向量机、LVQ神经网络、决策树算法和随机森林算法的煤质定性分析模型，并针对非平衡样本集问题在随机森林模型中引入 SMOTE 算法，在提高分析模型预测精度的同时增强模型的鲁棒性。

本书以提高煤质近红外光谱分析模型的预测性能为目的，以光谱样本优化、数据处理和分析模型构建为研究对象，探讨煤质近红外光谱分析技术应用的相关理论与方法。每部分内容针对建模各阶段所涉及的具体问题展开，虽然研究对象和侧重点不同，但各章节却是紧密相关，互相联系。

作者的研究工作得益于江苏省自然科学基金、中国博士后科学基金、高等学校博士学科点专项科研基金以及徐州市科技计划等项目的资助。

本书出版过程中得到中国矿业大学信息与控制工程学院以及科学出版社的大力支持。书中图表绘制、参考文献整理等方面的工作，主要由王洪栋、戴小也、饶中钰、於鑫慧 4 位在读研究生修订完成。在此一并表示感谢！

由于本书作者水平与经验有限，书中难免存在不妥或疏漏之处，恳请读者不吝批评指正。

作　者

2018 年 5 月于中国矿业大学

目　　录

第1章 绪　　论

1.1　研究背景及意义

煤炭是重要的能源和工业原材料,是化石能源家族中品种数量最多、开发利用历史最久的一次性能源,对人类文明的发展做出了极其重大的贡献。在我国的能源结构中,煤炭同样有着重要的地位 [1]。目前,尽管可替代煤炭的能源资源品种很多,如石油、水能、核能、风能、太阳能等,但受资源、成本、并网等多方面的制约,煤炭依然是我国利用最好、最可靠的能源之一,在我国矿物能源储备量和消费结构中约占 70%[1,2]。

在煤炭勘探、开采、销售和利用的各个环节中,为了更充分有效地利用煤炭资源,需要对煤炭质量进行分析。在煤炭资源勘探阶段,煤炭质量影响矿区的规划开发计划;在开采过程中,煤炭质量的变化规律可以指导矿井建设与生产服务;在销售过程中,通过煤质分析以确定商品煤的售价。在煤炭作为重要的化工原料被利用时,其质量的优劣情况与环境、节能和提高生产效率有着密切的关系,因此煤质分析显得尤为必要 [3-5]。

为了使煤炭资源被充分合理地加工利用,在实际的生产、加工和应用中,通常采用工业分析和发热量等指标来研究煤的性质与组成 [6]。其中,工业分析可初步确定煤的组成、种类和工业用途,它将煤的组成近似区分为水分、灰分、挥发分和固定碳 4 种 [1,6]。在已有的快速分析方法中,如微波加热、γ 射线法等,存在技术复杂、分析对象单一等问题。在传统的煤质分析化验中,一般采用干燥法或蒸馏法测量水分,采用灼烧法测量灰分和挥发分,采用氧弹测量煤质发热量。上述方法普遍存在过程烦琐、操作复杂、自动化程度低、分析时间长、破坏样品结构等不足,不能在煤炭生产和加工利用过程中,实时反馈煤炭的质量情况 [7,8]。无论从能源的可持续利用、可持续发展角度,还是从煤炭生产者、消费者自身利益的角度来看,都迫切需要一种全元素、高准确度、快速的煤质在线分析方法。

近红外光谱分析技术是一种新的间接煤质分析技术,采集数据的准确性是该项技术成功应用的重要前提,煤炭样本数据优化、光谱数据恢复与压缩及回归预测等建模理论与方法的性能则是该项技术成功应用的核心。

近红外光谱分析技术在采集光谱时不需要对样本进行处理 [9-14],但为了使煤炭样本各有机成分均匀分布以获得高质量的光谱信息,需要将样本破碎后再测量。粒度的变化使得煤炭颗粒间的漫反射光程发生变化，影响了对近红外 (near infrared, NIR) 的吸收，从而导致采集的光谱数据中的吸光度值也随之改变。吸光度值是煤炭样本中各组成成分含量大小的表征值，为了使光谱尽可能准确地反映煤炭样本的性质与组成，必须深入全面地研究不同煤粒度等级所采集的光谱对煤质近红外光谱分析模型的影响。

在煤质近红外光谱分析技术中，建模方法的选择是获取高质量分析结果的关键。因此，本书主要研究基于各理论与方法的煤质近红外光谱分析模型，以获得一种新的高学习精度与低计算复杂度的煤质快速分析方法，并将其应用于实际煤质在线检测系统中。通过建立智能、学习型的煤质分析系统，包括样本优化、光谱恢复与压缩和分析模型构建等过程，以准确、快速、全方位地掌握煤的本性及其变化规律，这对于合理利用煤炭能源、节约建设资源、推动可持续发展具有十分重要的意义和广阔的应用前景。

1.2　煤炭质量的常规分析

煤炭质量 (简称煤质) 是指煤炭在形成、开采和加工过程中，所具有的能够满足不同需求的特征或特性的总和 [3]。一般情况下，常采用工业分析和发热量等指标予以评价。工业分析包括对水分、灰分、挥发分和固定碳的分析，这些成分是煤的全部组成，其含量总值为 100%，其中，水分和灰分主要反映煤中的无机物含量，挥发分和固定碳则反映了煤中的有机物含量。据此，可初步判定煤的基本性质、种类和用途。发热量是指煤炭经其最主要的利用途径 —— 燃烧而产生的热量，是确定煤炭价格的重要依据 [2,6,7]。

1.2.1　煤质的标准测定方法

1.2.1.1　水分含量的测定

水分 (moisture, M) 含量的测定是煤质工业分析的一个重要内容，是判定煤炭质量的重要指标，对煤炭的开采利用和基础性质的研究都起到重要的作用。

煤中水分含量与煤的变质程度呈现一定的关系，如表 1-1 所示，从泥炭至低阶无烟煤，水分含量逐渐降低。从低阶无烟煤至年老无烟煤，水分含量有所增加。因此，可以由水分含量来大致推断煤的变质程度 [6]。

表 1-1　煤中水分含量与煤的变质程度的关系

煤种	内在水分/%	煤种	内在水分/%	煤种	内在水分/%	煤种	内在水分/%
泥炭	5~25	气煤	1~5	瘦煤	0.5~2.0	年老无烟煤	2.0~9.5
褐煤	5~25	肥煤	0.3~3.0	贫煤	0.5~2.5		
长烟煤	3~12	焦煤	0.5~1.5	低阶无烟煤	0.7~3.0		

煤中水分可分为外在水分、内在水分与化合水三种状态，其中，外在水分 M_f 是指附着在煤颗粒表面，直径大于 10^{-5}cm 的毛细孔中的水分；内在水分 M_{inh} 指在空气干燥状态下煤样加热至 105~110 ℃所失去的水分；它们的总和称为全水分 M_t。

根据煤中水分存在状态的不同，定义煤的状态基准 [2,15]：

(1) 收到基 (as received basis)—— 含 M_f 的状态；

(2) 空气干燥基 (air dried basis)—— 仅失去 M_f 的状态；

(3) 干燥基 (dry basis)—— 失去 M_{inh} 的状态。

通常情况下，煤中水分主要是指全水分 M_t 和空气干燥基水分 M_{ad} 两项指标的测定。

参照 M_t 的定义，以及《煤中全水分的测定方法》(GB/T 211—2017)[16] 的规定，煤中全水分 M_t 的测定步骤如下。

(1) 称取质量 $m_M \geqslant 3$ kg、粒度 <13 mm 的煤样，平摊在浅盘中，置于温度 ≤40 ℃ 的空气干燥箱中干燥至质量恒定 (变化 ≤0.5 g)，记录质量 m_{M1}，按式 (1-1) 计算外在水分：

$$M_f = \frac{m_{M1}}{m_M} \times 100\% \tag{1-1}$$

(2) 将测定外在水分后的煤样破碎至粒度 <3 mm，取质量 m_{M2} 约为 10 g 的煤样平摊在称量瓶中，放入加热至 105~110 ℃ 的干燥箱中约 2 h，然后放入干燥器中冷却至室温，称重 m_{M3}，按式 (1-2) 计算内在水分：

$$M_{inh} = \frac{m_{M3}}{m_{M2}} \times 100\% \tag{1-2}$$

(3) 煤中全水分是收到基 $M_{f,ar}$ 和 $M_{inh,ar}$ 的总和，而步骤 (2) 中得到的 M_{inh} 是空气干燥基 $M_{inh,ad}$，需将其换算成 $M_{inh,ar}$，即

$$M_{inh,ar} = \frac{100 - M_f}{100} \times M_{inh} \tag{1-3}$$

因此，煤中全水分为

$$M_t = M_{f,ar} + M_{inh,ar} = M_f + \frac{100 - M_f}{100} \times M_{inh} \tag{1-4}$$

参照《煤的工业分析方法》(GB/T 212—2008)[17] 中的规定，煤中空气干燥基水分 M_{ad} 的测定步骤如下。

取质量 m'_M 约为 1 g、粒度 <0.2 mm 且已干燥过的试验煤样，平摊在称量瓶中，放入加热至 105~110 ℃ 的干燥箱中约 2 h，然后放入干燥器中冷却到室温，称重 m'_{M1}，按式 (1-5) 计算 M_{ad}：

$$M_{ad} = \frac{m'_{M1}}{m'_M} \times 100\% \tag{1-5}$$

上述称重步骤中，m_M 与 m_{M1} 的精度要求为 0.1g，m_{M2} 与 m_{M3} 为 0.001g，m'_M 与 m'_{M1} 为 0.0002 g。煤中水分测定采用的仪器设备主要有：德国 Binder FD115 电热鼓风干燥箱/强制对流干燥箱/烘箱 (简介见附录)、北京赛多利斯仪器系统有限公司 BSA224S/LA6200 天平 (读数精度 0.01 g) 和 BS124S 电子分析天平 (读数精度 0.0001 g)。

国家标准 GB/T 212—2008 对水分的测量方法进行了详细的说明，以下三种是常用的水分测量方法。

通氮干燥法：用干燥并称量过的称量瓶称取煤样，放入预先通入干燥氮气并加热到 105~110 ℃的干燥箱中，干燥一定时间后放入干燥器中冷却至室温后称量，根据煤样的质量损失计算水分的含量，计算公式为

$$M_{ad} = \frac{m_1}{m} \times 100\% \tag{1-6}$$

其中，M_{ad} 为空气干燥基煤样的水分质量分数比；m 为煤样的质量，g；m_1 为煤样干燥后减少的质量，g。

空气干燥法：适用于烟煤和无烟煤，将称量瓶放入预先通入鼓风并加热到 105~110 ℃的干燥箱中干燥一定时间，其他步骤同上。

微波干燥法：适用于烟煤和褐煤，将煤样放入微波炉中进行加热，这种方法受热均匀，水分蒸发快，不适用于无烟煤和焦炭等导电性较强的煤样。

1.2.1.2 灰分含量的测定

煤质工业分析中，灰分含量的多少与煤炭的活性、发热量、含碳量以及结渣性等特性均有一定的关系，通常通过对灰分含量的测定来研究煤炭的上述特性。例如，煤灰是由煤中的矿物质衍化产生的，因此可以通过对它的测量间接计算矿物质的含量；在研制煤炭采样设备时，利用煤灰在煤中的分布作为设备精密度和偏倚的评价参数；在对煤炭进行洗选时，通常也将煤的灰分作为洗选效率的一个重要指标；在炼焦工业中，用煤的灰分量来预计焦炭中的灰分，灰分越高，有效碳的产量就越低；在商业上根据煤灰含量来定级评价等 [6]。

灰分 (ash，A) 是指煤中可燃物质完全燃烧时，除水分外所有无机矿物质经分解、化合等复杂的灰化过程后剩下的残渣 [2,7]，其含量越高则有效碳的产率越低。煤的状态基准除了 1.2.1.1 节中依据水分状态定义的收到基、空气干燥基和干燥基三种，还包括假想煤中无水分、无灰分状态的干燥无灰基 (dry ash-free basis，DAF)。煤中灰分的测定主要是空气干燥基灰分 A_{ad} 和干燥基灰分 A_d 的测定。

参照 A_{ad} 的定义和《煤的工业分析方法》(GB/T 212—2008)[17] 中的规定，煤中空气干燥基灰分 A_{ad} 的测定步骤如下。

取质量 m_A 约为 1 g、粒度 <0.2 mm 空气干燥基的试验煤样，均匀地平摊于

灰皿中,每平方厘米的质量 ≤0.15 g,放置于 100 ℃的马弗炉中,在 >0.5 h 的时间内将炉温升至 500 ℃并保持 0.5 h,继续升到 (815±10) ℃保持灼烧 1h,然后放入干燥器中冷却到室温,称重 m_{A1},按式 (1-7) 计算 A_{ad} 含量:

$$A_{ad} = \frac{m_{A1}}{m_A} \times 100\% \tag{1-7}$$

根据各个状态基准的定义,可知煤中 A_d 与 A_{ad} 之间的换算公式:

$$A_d = \frac{100}{100 - M_{ad}} \times A_{ad} \tag{1-8}$$

上述称重过程中,m_A 与 m_{A1} 的精度要求为 0.0002 g。煤中灰分测定采用的主要仪器设备有: 英国 Carbolite 公司 AAF12/18 灰化马弗炉 (简介见附录) 和 BS124S 电子分析天平 (读数精度 0.0001 g)。

1.2.1.3 挥发分含量的测定

挥发分 (volatile matter,VM) 是指在规定条件下,煤样隔绝空气加热,具有挥发特性的有机物质的产率,其含量的高低与煤的变质程度密切相关 [2,7,15]。煤中挥发分主要是空气干燥基挥发分 V_{ad} 和干燥无灰基挥发分 V_{daf} 的测定,其中,V_{daf} 是煤炭种类的第一分类指标。根据煤炭状态基准的换算关系,只需测定 V_{ad} 的含量。

参照 V_{ad} 的定义和《煤的工业分析方法》(GB/T 212—2008)[17] 的规定,煤中空气干燥基挥发分 V_{ad} 的测定步骤如下。

取质量 m_V 约为 1 g、粒度 <0.2 mm 的空气干燥基试验煤样,均匀地平摊于带盖密封的坩埚中,放置于预先加热到 920 ℃的马弗炉中,调至 (900±10) ℃的恒温加热 7 min,然后放入干燥器中冷却至室温,称重 m_{V1},按式 (1-9) 计算 V_{ad} 含量:

$$V_{ad} = \frac{m_V - m_{V1}}{m_V} \times 100\% \tag{1-9}$$

根据各个状态基准的定义,可知煤中 V_{daf} 与 V_{ad} 之间的换算公式:

$$V_{daf} = \frac{100}{100 - M_{ad} - A_{ad}} \times V_{ad} \tag{1-10}$$

上述称重过程中,m_V 与 m_{V1} 的精度要求为 0.0002 g。煤中挥发分测定采用的主要仪器设备有: 英国 Carbolite 公司 VMF 挥发分马弗炉 (简介见附录) 和 BS124S 电子分析天平 (读数精度 0.0001 g)。

与水分类似,煤中挥发分含量与其变质程度也有密切联系,如表 1-2 所示。从泥炭至无烟煤,随着煤炭变质程度的加深,挥发分含量逐渐减少。因此,煤中挥发分的含量对煤的分类具有重要的指导意义。在我国以及世界上许多其他国家的煤炭分类方案中,都将挥发分作为第一分类指标 [6]。

表 1-2 挥发分与煤的变质程度的关系

煤种	泥炭	褐煤	烟煤	无烟煤
干燥无灰基挥发分 $V_{\text{daf}}/\%$	70	40~60	10~50	<10

1.2.1.4 煤的发热量测定

发热量 (calorific value) 是指单位质量的煤样完全燃烧时所产生的热量。燃烧是煤炭最主要的利用途径，其产热量是煤炭计价的最主要依据。高位发热量 (gross calorific value)Q_{gr} 是表征煤发热量高低最常用的特性指标 [7,15]。

煤的空气干燥基高位发热量 $Q_{\text{gr,ad}}$ 的测定参照《煤的发热量测定方法》(GB/T 213—2008)[18] 的规定，步骤如下。

(1) 取质量 m_Q 约为 1 g、粒度 <0.2 mm 的空气干燥基试验煤样，在压饼机中压制成饼状，并切成粒度约为 3 mm 小块，放入燃烧皿中；

(2) 准备氧弹，往弹筒中加入 10 mL 蒸馏水，然后缓缓充入氧气，直至压力大小约为 2.9 MPa；

(3) 按照自动量热仪的步骤进行其余的操作，最后取出内筒和氧弹，检查弹筒和燃烧皿，在仪器显示结果读取 $Q_{\text{gr,ad}}$ 值。

上述称重过程中，m_Q 的精度要求为 0.0002 g，往弹筒加蒸馏水的精度要求为 0.5 g。煤的发热量测定采用的主要仪器设备有：德国 IKA 公司生产的 C5000 量热仪 (简介见附录)，德国赛多利斯仪器系统公司 BSA224S/ LA6200 天平 (读数精度 0.01 g) 和 BS124S 电子分析天平 (读数精度 0.0001 g)。

1.2.2 煤质分析的研究现状

通过煤质分析和发热量，能大致确定煤炭的基本性质及其实用价值，是最为重要的基础性检验 [2,19]，其标准测定方法依据国家标准 GB/T 211—2007 和 GB/T 212—2008 规定。发热量是煤作为能源使用价值高低的体现，是煤炭计价的依据，其标准测量方法依据国家标准 GB/T 213—2008 规定。

随着科学技术的不断发展和对煤质检测技术的研究不断深入，依据上述国家标准生产的各种分析设备及相关配件的性能也有了大幅度提升，分析周期逐步缩短，测量结果的重复性和再现性临界差均满足国家标准精密度的要求 [8,20]。国内外知名的煤炭分析仪器制造商主要有：长沙开元仪器股份有限公司、长沙三德实业有限公司、鹤壁市华源仪器仪表有限公司、美国 LECO 公司、德国 LINSEIS 公司、德国 Baehr-Thermo 公司等。目前应用比较广泛的快速煤质分析方法主要如下。

(1) 微波加热法。微波是指频率为 300MHz~300GHz 的电磁波，物质的损耗因数不同，对微波的吸收能力不同，产生的热效果也不同。水分子属极性分子，介质损耗因数较大,对微波吸收能力较强。因此,利用微波选择性加热的特性测量煤中水分含量。微波加热法分为透射法和反射法,其中透射法的使用范围相对较广,它是基于微波穿透煤样后,由于煤样含水量的不同,使微波的能量发生衰减以及相位变化的原理而测试的 [21-25]。

(2) γ 射线法。γ 射线是原子核能级跃迁蜕变时释放出的射线,是波长短于 0.2Å① 的电磁波,用于煤炭灰分检测,如中子 γ 辐射、γ 射线投射、γ 射线散射、自然 γ 射线等技术。其中中子 γ 辐射法的灰分检测仪比较常用,但其设备复杂,价格昂贵,放射源的半衰期大约为两年半,且中子很难屏蔽,对人体危害较大,难以便携化使用 [26-29],而且这类方法的分析精度与煤种及测试煤层厚度有很大相关性,精度波动较大。

上述两种快速分析技术只能完成一种煤炭指标的检测,若要对煤炭质量进行综合评价,煤质分析实验室还需配备其他指标相对应的测量仪器,如测量挥发分所需的马弗炉、电子天平等,仍会耗费大量的人力、物力和财力。

国内许多学者利用发热量、水分、灰分和挥发分等之间的关系,导出用于快速估算的经验公式,或利用线性回归、人工神经网络或支持向量机构建分析模型 [30-35]。该方法的应用是在已利用标准分析方法获知几个指标值的基础上,预测未知指标值,前期的分析工作仍没能摆脱传统测量方法的缺陷。

目前,我国在煤质分析领域采用的方法仍然是以传统方法为主,且主要科研院所及相关机构采用的实验仪器价格昂贵,只有少数机构能够承担这样的巨额花费,这也在一定程度上制约了煤炭行业的发展。因此,有必要对煤质分析的新方法、新手段进行研究,而近红外光谱技术的应用则为煤质分析提供了一种新途径。

1.3 煤质近红外光谱分析研究现状

1.3.1 近红外光谱技术的研究现状

近红外是一种波长介于可见光区与中红外光区之间的电磁波,波数范围为 12500~4000 cm^{-1},波长范围为 780~2526 nm,该谱区于 1800 年被英国天文学家 William Herschel 发现。近红外光谱属于分子振动光谱,包含丰富的基团特征信息,如 C—H、O—H、S—H、N—H、C=O、C=C 等。近红外光谱 (near infrared spectrum, NIRS) 分析技术是基于有机物质对近红外的吸收而建立起来的分析方法,最早应用于农业领域。但近红外光谱区存在信息强度弱、噪声干扰多和谱峰重叠严重等问题,难以分离提取有用的特征信息,使得此项技术的研究受到限制,一度成为"被遗忘的谱区" [9,36,37]。

---

① 1Å= 0.1 nm。

自 20 世纪 80 年代以来，伴随现代光学技术和模式识别与人工智能等理论方法的深入研究和快速发展，近红外光谱技术的分析精密度逐步提高，在消除光谱噪声干扰、数据处理、回归预测和模型优化等方面得到了重大进展 [37−39]，突破了该技术在各领域的应用瓶颈并取得了良好的效果。

进入 21 世纪，信号测量和分析过程都朝着智能化、数字化、绿色化的方向发展，近红外光谱分析技术由于具有分析速度快、无损、样品无须预处理、无污染、可同时测定多项指标等诸多优势，引起了国际分析界关注。诸多专家学者的加入把它推向了一个全新的发展阶段，使得近红外光谱分析技术得到了飞速的进步，在快速在线分析领域中得到很好的应用，目前已被广泛地应用于农产品、生物医药、生命科学及石油化工等 [39−45] 多个领域中。

1.3.2　煤质近红外光谱分析技术的研究现状

煤炭是一种成分非常复杂的混合物，具有复杂性、多样性、非晶质性和不均匀性等特点，利用近红外光谱分析仪所采集的光谱谱峰重叠严重，噪声干扰较多，且特征维数较高，阻碍了近红外光谱分析技术在煤质快速检测中的应用。随着近红外光谱分析设备生产技术的逐渐成熟，以及统计学、人工智能及机器学习等理论与方法的深入研究，近年来，已有来自国内外的专家学者将近红外光谱分析技术应用于煤质检测中，并取得了一定的研究成果。

Kaihara 等 [46] 利用近红外光谱分析技术无损、高渗透力、样品处理简单和快速分析的优点，建立偏最小二乘回归模型，快速预测煤炭的主要性质，利用该方法得到的水分、挥发分、含氧量、最大流动温度和凝固温度与光谱数据的多重相关系数 R^2 分别达到 0.9736、0.9774、0.8996、0.8849 和 0.9282。Andres 等 [47−49] 利用偏最小二乘法和主成分分析法建立了近红外光谱与水分、灰分、挥发分、固定碳、发热量、碳、氢、氮和硫 9 项指标之间的分析模型，并提出了样品预处理方法，即在建立近红外光谱与煤样 9 项指标间的数学模型之前，利用层次聚类方法将样品集划分为 6 类。分析实验结果表明，利用近红外光谱法进行煤质分析具有速度快、精度高、经济效益好等优点。Dong 等 [50] 利用近红外光谱分析方法对煤炭进行工业分析和元素分析，选取了对煤质分析最有用、信息较高的近红外波长点，并建立基于多元回归分析方法的预测分析模型，这种方法对水分、挥发分、固定碳、碳、氢和热量的分析结果不同于 ASTM/ISO 的传统方法，误差在 10% 左右，分析结果表明该方法可以用于煤质分析。

武中臣等 [51] 用傅里叶变换漫反射近红外光谱法采集了 94 个褐煤样品的光谱数据，同时建立了褐煤的全水分、内在水分、挥发分、含硫量、高位发热量、低位发热量和折合率 7 个指标的偏最小二乘定量分析预测模型，并对预测模型进行了验证。丁仁杰等 [52] 介绍了结合偏最小二乘分析模型和近红外技术的煤质快速分析方法，并针对煤质变化频繁，提出了分类建模的方法。邬蓓蕾等 [53,54] 建立了基于偏最小二乘法的近红外定量分析模型，分别测定了煤炭挥发分和干基水分。李凤瑞等 [55,56] 应用近红外光谱技术对煤中发热量、水分和挥发分等指标进行测定，采用多元回归方法对数据分别进行分析处理，得到相应的回归模型。

中红外光谱分析技术的原理及优点与近红外光谱分析技术类似，也被提出应用于煤质分析中。中红外波数范围为 4000~400 cm^{-1}，在波长 $>10\mu m$ 的区域内，单独的或联合的分子振动可以为每种成分提供独特的吸收图谱，已经普遍应用在物理、分析化学及生物化学等众多领域中 [57-63]。Geng 等 [64] 利用中红外傅里叶变换光谱分析仪分析煤炭中的羧基含量和煤炭芳香度，Bona 等 [65] 利用中红外反射和透射光谱分析技术实现煤炭质量的快速检测。

与中红外光谱分析技术相比，近红外光谱分析技术的优越性体现在：①近红外波长能量较高，其穿透能力较强，测量更加方便容易；②近红外光谱区所包含的信息比较丰富；③近红外光谱分析设备一般都具有很高的信噪比。由于煤炭是一种成分非常复杂的混合物，利用中红外光谱分析技术所采集的光谱数据稳定性较差，因而，近红外光谱分析技术的优势更加明显。

第 2 章　煤质近红外光谱分析理论与技术

2.1　近红外光谱分析理论基础

近红外 (NIR) 是一种介于可见光与中红外之间、波长区间为 $780\sim2526$ nm ($12500\sim4000$ cm^{-1}) 的电磁波，该光段可引起分子或原子的振动能级跃迁。光的能量 $E = h\nu = hc/\lambda$，其中 h 为普朗克常量，ν 为光的频率，c 为光速，λ 为光的波长。当物质与近红外发生作用时，只有能量是其分子中电子能级差的整数倍的特定光被吸收，从而引起分子振动，产生特有的吸收光谱。当一束波长连续变化的近红外照射到物质上时，只有一部分特定波长的光被吸收，形成的光谱信息中携带了该物质的化学组成与结构、物理状态等大量信息 [37,66]。因此，近红外光谱技术被大量用于分析检测物质的化学和物理性质。

被测物质的近红外光谱包含了样品的组成和结构信息，分子振动光谱理论从物理学的角度阐述了这一现象；朗伯–比尔定律和 Kubelka-Munk 方程详细地解释了被测物质的组分含量和光谱之间的关系。

2.1.1　分子振动光谱理论

量子力学认为，光具有波粒二象性，光子的能量为

$$E = h\nu \tag{2-1}$$

其中，h 为普朗克常量；ν 为光的频率。

为了解释光与物质相互作用产生光谱的物理机制，物理学家提出了双原子线性简谐振动模型。在这个模型中，原子间的键能是由一个理想的双原子谐振子产生的，原子以平衡点为中心做周期振动，其振动频率符合胡克定律：

$$\nu = \frac{1}{2\pi}\sqrt{\frac{k}{\mu}} \tag{2-2}$$

其中，ν 为振动频率；k 为经典力常数；μ 为原子折合质量，$\mu = \dfrac{m_1 m_2}{m_1 + m_2}$。

由量子力学可得谐振子的能级公式为

$$E_l = (l+0.5)\frac{h}{2\pi}\sqrt{\frac{k}{\mu}} = (l+0.5)h\nu \tag{2-3}$$

其中，l 为振动量子数 ($l = 0, 1, 2, \cdots$)。

然而，实际的分子振动并不是简谐振动。Morse 提出了非简谐振动模型能级的经验公式：

$$E_l = (l + 0.5)h\nu - (l + 0.5)^2 h\nu\chi - (l + 0.5)^3 h\nu\chi - \cdots \qquad (2\text{-}4)$$

其中，χ 为非简谐常数 (anharmonicity constant)，它是一个比 1 小得多的正数 [67]。

通过求解薛定谔波动方程，就可以得到以非简谐振动模型描述分子振动时的振动能级 E_l，其值可由式 (2-5) 近似表达 [68]：

$$E_l = h\nu[1 - \chi(l + 0.5)](l + 0.5) \qquad (2\text{-}5)$$

对比式 (2-3) 和式 (2-5)，不难看出在非简谐振动情况下，分子振动的基频吸收比按简谐振动得到的计算值低。

在简谐振动条件下，分子振动能级的跃迁只发生在相邻两个能级之间。因此，无论分子现在处于哪个等级，它都只吸收基频电磁波而跃迁到下一个高能级。由于非谐振的存在，量子力学证明，非谐振子的 Δl 可以取 $\pm 1, \pm 2, \pm 3, \cdots$，这样，在红外光谱中除了可以观察到强的基频吸收带，分子振动也会发生振动量子数变化大于 1 的跃迁。

倍频吸收的波数 ν_n 与基准振动的波数 ν_0 之间有以下关系：

$$\nu_n = n\nu_0[1 - (n + 1)\chi] \qquad (2\text{-}6)$$

由于 χ 值很小，以上这些由能量迁移所产生的吸收分别出现在大约与 ν、2ν、3ν、4ν、$\cdots$ 相当的波数 (频率)。其中，2ν、3ν、4ν 分别称为第一倍频、第二倍频和第三倍频。基频振动一般在中红外区，而这些由倍频所引起的吸收将会在近红外区域被观测到。例如，水分子的对称伸缩基准振动频率为 $3652\text{cm}^{-1}(\lambda = 2738\text{nm})$，第一倍频约为 $6897\text{cm}^{-1}(\lambda = 1450\text{nm})$，第二倍频约为 $10309\text{cm}^{-1}(\lambda = 970\text{nm})$，第三倍频约为 $13158\text{cm}^{-1}(\lambda = 760\text{nm})$。

另外，当由两个以上的基准振动所引起的吸收同时发生时，在两个基准振动的波数和以及波数差的波数处也会出现分子吸收，这种吸收被称为组合振动吸收，所产生的振动频率称为合频。

合频振动吸收，吸收所出现的波数 ν_c 可由式 (2-7) 描述：

$$\nu_c = n_1\nu_1 \pm n_2\nu_2 \pm \cdots \qquad (2\text{-}7)$$

其中，n_1，n_2，$\cdots$ 是整数；ν_1，ν_2，$\cdots$ 是基准振动的波数。

近红外区域的吸收基本上全是红外区基准振动的倍频和合频振动所引起的，特别是以由氢原子相关联的 O—H、N—H、C—H 等官能基的吸收为主 [67]。

2.1.2   透射光谱的理论基础

如图 2-1 所示，一平行光束垂直透过截面为 s 的均匀吸收介质 (溶液)，对于透明的物质，其吸收光的强弱程度 (吸光度) 与物质中吸收光的成分之间的关系可以用朗伯–比尔定律来描述。

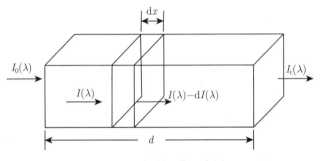

图 2-1   辐射吸收示意图

当某物质被波长为 λ、能量为 $I_0(\lambda)$ 的单色光照射时，在另一端输出的光的能量 $I_\mathrm{t}(\lambda)$ 将比输入光的能量低得多。如果假设在物质中有一薄层 $\mathrm{d}x$，其入射光为 $I(\lambda)$，则其出射光将减少为 $I(\lambda) - \mathrm{d}I(\lambda)$。可以认为，光强的减少量 $\mathrm{d}I(\lambda)$ 将会与薄层中吸收成分的浓度以及入射光强度 $I(\lambda)$ 成比例，即

$$\mathrm{d}I(\lambda) = kI(\lambda)c\mathrm{d}x \tag{2-8}$$

其中，k 为比例常数；c 为吸收成分的浓度。

将物质的入射光强 $I_0(\lambda)$ 和透射光强 $I_\mathrm{t}(\lambda)$ 代入式 (2-8) 并积分，可得

$$I_\mathrm{t}(\lambda) = I_0(\lambda)\mathrm{e}^{-kcd} \tag{2-9}$$

定义吸光系数 $\varepsilon = k/2.3026$，则式 (2-9) 可以变换为

$$A^*(\lambda) = \lg\left[\frac{1}{T^*(\lambda)}\right] = \lg\left[\frac{I_0(\lambda)}{I_\mathrm{t}(\lambda)}\right] = \varepsilon cd \tag{2-10}$$

其中，$A^*(\lambda)$ 为绝对吸光度；$T^*(\lambda)$ 为绝对透射比。对于式 (2-10)，如果吸收成分的浓度 c 一定，则称为朗伯法则；如果 d 一定，则称为比尔法则 [67]。

值得注意的是，朗伯–比尔定律的成立是有前提的，即假设被测物质是透明的物质 (溶液)，物质内只发生光的吸收，没有光的反射、散射、荧光等其他现象发生。

由于被分析物质的溶液是放在透明的吸收池中测量，在空气/吸收池壁以及吸收池壁/溶液的界面间会发生反射，因而导致入射光和透射光的损失。例如，当黄光垂直通过空气/玻璃或玻璃/空气界面时，约有 8.5% 的光因反射而损失掉。此外，

光束的衰减也来源于大分子的散射和吸收池的吸收。故通常不能按式 (2-10) 所示的定义直接测定透射比和吸光度 [69,70]。

为了补偿这些影响，在实际测量中，采用在另一等同的吸收池中放入标准溶剂与被分析溶液的透射强度进行比较。如图 2-2 所示，将入射光 $I_0(\lambda)$ 分别照射标准溶剂和试验溶液，分别测得透射光强度为 $I_s(\lambda)$ 和 $I_t(\lambda)$，定义相对透射比 $T(\lambda)$ 为

$$T(\lambda) = \frac{I_t(\lambda)}{I_s(\lambda)} \tag{2-11}$$

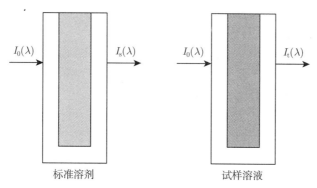

图 2-2 透射光谱的测量原理

定义相对吸光度 $A(\lambda)$ 为

$$A(\lambda) = \lg\left[\frac{I_s(\lambda)}{I_t(\lambda)}\right] = \lg\left[\frac{1}{T(\lambda)}\right] \tag{2-12}$$

测量实践也表明，在一定的浓度范围内，相对吸光度与吸收成分的浓度 c 和光程长度 d 近似呈比例关系，即

$$A(\lambda) = \varepsilon cd \tag{2-13}$$

在科学研究和生产实践中，比起绝对吸光度 $A^*(\lambda)$，相对吸光度 $A(\lambda)$ 的应用范围要宽广得多 [67]。

2.1.3 漫反射光谱的理论基础

光的反射有两种，一种是镜面反射，另一种是漫反射。镜面反射，就是光线照射到物体表面上被有规则地反射回来的现象，它未与样本内部相互作用，没有携带入射光与样本相互作用的信息。漫反射是指由光源发出的近红外照射到固体物质后，进入样品内部经过多次反射、折射和吸收后又返回到样品表面的现象，因此反射出来的光反映了样本内部特性，携带了样本的信息。

由于漫反射光与样品的作用形式多样，除了样品的组分，其颗粒大小、温度、颜色等因素均会对漫反射光的强度产生影响。因此，漫反射不遵守朗伯–比尔定律，而遵守 Kubelka-Munk 方程：

$$R_\infty = 1 + \frac{K}{S} - \left[\left(\frac{K}{S} \right)^2 + 2 \left(\frac{K}{S} \right) \right]^{1/2} \tag{2-14}$$

其中，R_∞ 是样本厚度无穷大时的绝对漫反射率；K 为漫反射体的吸光系数，其主要取决于样本的化学组成；S 为散射系数，表示由于样本对光的散射，光在样本中经单位光程后对光的衰减程度，主要取决于样品的物理性质；影响散射系数的主要因素有样品的温度、颗粒度、均匀度、形状等[37,66]。

在漫反射分析中，只有在一定的浓度范围内吸收系数 K 才与样本的组分浓度呈线性关系，而 R_∞ 与样本中的组分浓度则不呈线性关系。与组分浓度呈线性关系的漫反射函数有两种：反射吸光度 A 和 K-M 函数。

1) 反射吸光度 A

定义反射吸光度 A 为

$$A = \log \frac{1}{R_\infty} = -\log \left\{ 1 + \frac{K}{S} - \left[\left(\frac{K}{S} \right)^2 + 2 \left(\frac{K}{S} \right) \right]^{1/2} \right\} \tag{2-15}$$

漫反射体的反射吸光度 A 与 K/S 的关系为一对数曲线，如图 2-3 所示。在一定的 K/S 范围内，A 与 K/S 间可以用直线关系代替曲线关系，即

$$A = a + bK/S \tag{2-16}$$

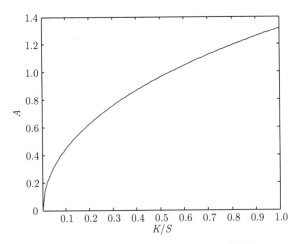

图 2-3　反射吸光度 A 与 K/S 关系曲线

由于 K 与 c 在一定浓度范围内有线性关系, 当散射系数 S 不变时, 漫反射吸光度 A 与样本浓度 c 的关系可以表示为

$$A = a + bc \tag{2-17}$$

2) K-M 函数

定义 K-M 函数为

$$F(R_\infty) = \frac{(1 - R_\infty)^2}{2} \tag{2-18}$$

将式 (2-14) 代入式 (2-18), 可得

$$F(R_\infty) = \frac{(1 - R_\infty)^2}{2} = \frac{K}{S} \tag{2-19}$$

从式 (2-19) 可以看出, 当样本的散射系数 S 为一常数时, K-M 函数与吸收系数 K 成正比。又由于在一定的浓度范围内吸收系数 K 与样本的组分浓度 c 呈线性关系, 所以 K-M 函数与浓度 c 也呈线性关系, 可表示为

$$F(R_\infty) = \frac{K}{S} = bc \tag{2-20}$$

其中, 系数 b 除与吸收系数及光程有关外, 还与样本的散射系数有关 [37]。

2.2 煤质近红外光谱分析

2.2.1 理论基础

近红外光的主要吸收带是含氢基团 C—H、O—H、N—H 等的一级倍频和 C—O、C—N、C—C 等的多级倍频。煤由有机化合物和无机化合物组成, 如图 2-4 所示, 煤中的有机物主要包括碳 (C)、氢 (H)、氧 (O)、氮 (N) 等, 主要指工业分析指标的挥发分 (VM, 热解形成的气态有机物) 和固定碳 (FC, 热解残留的固态有机物); 无机物包括水和矿物质, 主要指分析指标的水分 (M) 和灰分 (A, 由无机矿物质转化而成)。

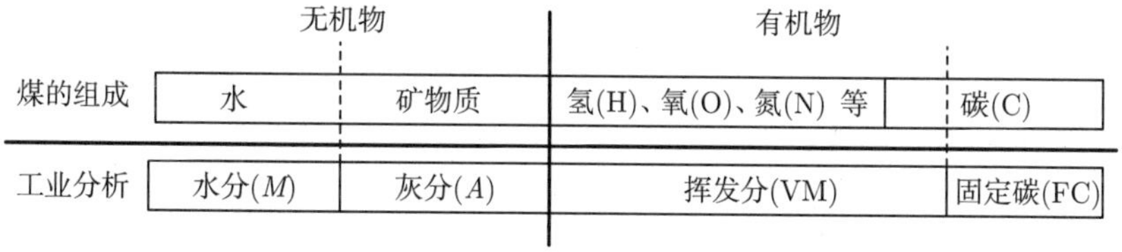

煤的组成	无机物		有机物	
	水	矿物质	氢(H)、氧(O)、氮(N) 等	碳(C)
工业分析	水分(M)	灰分(A)	挥发分(VM)	固定碳(FC)

图 2-4 煤的组成与工业分析的对应关系

因此，除了灰分中无近红外可吸收的基团，其余成分均可吸收某些特定的近红外波长，形成特有的光谱图。但灰分 $A = 100 - VM - FC - M$，发热量的主要影响因素是煤中 C、H、O 三种元素的含量 [2]，它们与近红外的吸收有间接的对应关系。通过分析煤中水分、灰分、挥发分和发热量等指标与近红外可吸收基团的直接或间接关系，可知理论上近红外应用于快速检测煤炭质量是可行的。

煤样是一种固态的粉末，当一束近红外投向煤样时，光会在样品颗粒和内部分子间发生多次反射、折射、透射、衍射和吸收等漫反射作用，如图 2-5 所示。此时返回表面的漫反射光负载了煤样的结构和组成信息。

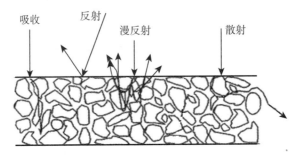

图 2-5　煤样对近红外漫反射示意图

2.2.2　煤样采取与制备

煤是一种组成成分和化学结构都极为复杂的可燃矿物，由古植物残骸经过漫长、烦琐而又复杂的物理变化、化学变化及生物化学变化等演变生成 [71,72]。变质时代、原始植物、环境 (温度、压力等) 和煤化程度等成煤条件的千变万化造成了煤种类的多样性和煤性质的复杂性 [2,71]。即使是同一矿区的同一煤种，其组成和结构也不尽相同。为了从同一批煤中获取具有代表性的平均缩制试样，必须严格按照国家相关标准规定采取和制备试验煤样。在标准的煤质分析过程中，采样造成的测量误差约占 80%，制样约占 16%，分析约占 4%[7,73]。因此，煤样的采取和制备过程是后续分析数据与方法可靠有效的关键步骤。

2.2.2.1　煤炭的采样

我国煤炭资源丰富，但区域分布极不平衡，呈西少东多、南少北多的格局。从目前探明的基础储量可知，煤炭资源主要分布在山西、内蒙古、东北三省、陕西、贵州等地区，其中基础储量是指能满足现行采矿和生产所需的质量、厚度与开采技术条件等要求的资源 [2]。我国煤炭品种齐全，《中国煤炭分类》(GB/T 5751—2009)[74] 中规定，根据煤中干燥无灰基挥发分的含量等指标，可将煤分为无烟煤、烟煤和褐煤，其中细分上述煤种类分别为 3 类、12 类和 2 类。在已探明煤炭储量中，无烟煤约占 12%，主要集中在山西省和贵州省；烟煤约占 75%，分布最为广泛，包括西北、东北和华北等地区，在煤炭资源结构中占有主导地位；褐煤占 13%，主要集中在内蒙古和东北等地区 [2,7,75]。

受地域、人力物力和实验环境的限制，本书主要研究在我国煤炭资源储量上占有较大比例的烟煤与褐煤两大煤种。实验共对内蒙古、山西、贵州和东北三省不同矿区的近 150 批煤 (主要为商品煤) 按照我国国家标准规定方法采样。此外，还采集了澳大利亚煤样光谱数据 47 组、俄罗斯 36 组、加拿大 36 组、印度尼西亚 83 组，并在国内煤样中抽取 41 组，用于建立煤产地快速鉴别的定性分析模型。

煤样是指为了确定整批煤的某些特性而从中采取的具有代表性的一部分煤，用于煤的化学、物理性质的测量，以检验该批煤的质量。煤是大宗固体物料，其基本特点是粒度和化学组成不均匀，表现为物理化学特性的分布不均匀性、密度不同产生的分离分层现象 (偏析作用)，进而导致所测煤的某个指标 (如灰分、挥发分、发热量等) 结果分散 [7]，从而降低了采样的精密度。因此可见，煤炭代表性样本的采取难度较高。

采样精密度是指采样允许达到的最大偏差程度，通常以衡量煤质最重要的指标 —— 干燥基灰分 A_d 含量为评估参数。实验主要对火车、汽车和船载煤进行采样，以一个车厢或船舱为采样单元，每个采样单元取一个总样，采样精密度 [7,73,76] 的公式为

$$P = 2\sqrt{V_{SPT}} \tag{2-21}$$

其中，重复样品的总方差为

$$V_{SPT} = \frac{V_C}{n} + V_{PT} \tag{2-22}$$

将一批煤分为多个采样单元，从中各取 1 个总样，分别对它们进行制样和 A_d 测定，并采用式 (2-23) 计算它们的采样单元方差：

$$V_C = \frac{1}{n-1}\left[\sum X_i^2 - \frac{\left(\sum X_i\right)^2}{n}\right] - V_{PT} \tag{2-23}$$

将一个总样缩制成多个试样，测定相应的 A_d 值，计算制样和化验方差，即

$$V_{PT} = \frac{1}{m-1}\left[\sum (x)_i^2 - \frac{\left(\sum x_i\right)^2}{m}\right] \tag{2-24}$$

其中，n 为一批煤采样单元数；X_i 为第 i 个总样的 A_d 值；m 为一个总样试样数；x_i 为第 i 个试样的 A_d 值。

根据式 (2-21)～ 式 (2-24) 计算采样的精密度, 参照《商品煤样人工采取方法》(GB 475—2008)[76] 中的精密度要求 (表 2-1) 检验煤样的代表性。

表 2-1   采样精密度

原煤、筛选煤		精煤	其他洗煤 (包括中煤)
$A_d \leqslant 20\%$	>20%		
$\pm 0.1 A_d$, 但不小于 $\pm 1\%$	$\pm 2\%$	$\pm 1\%$	$\pm 1.5\%$

2.2.2.2 煤样的制备

为了将采取的煤样制备成能够代表原煤样特性的分析试验煤样, 必须按照《煤样的制备方法》(GB 474—2008)[77] 中的规定, 经过反复缩分、破碎、混合、空气干燥和筛分等操作对煤样进行加工处理, 逐步减少它的数量和粒度, 制备试样。

1) 煤样制备的主要步骤与工具设备

(1) 缩分, 目的在于减少煤样的数量, 可在任意阶段进行。

(2) 破碎, 目的在于减小试样粒度和缩分误差, 需在多阶段破碎, 采用镇江科瑞制样设备有限公司生产的 KERP-180×150B 型煤炭锤式破碎机 (简介见附录), 可破碎多种不同粒度等级的煤样。

(3) 混合, 目的在于提高煤样的均匀度, 需通过缩分机混合 3 次以上。

(4) 空气干燥, 目的在于减少煤样中的水分, 使其达到空气干燥基状态, 本实验的空气干燥室一直保持在温度 20℃、湿度 10% 的状态下。

(5) 筛分, 目的在于筛选特定粒度范围的试样, 减少分析试验误差。根据煤样的指标测定、存储和送检等要求, 需选孔径为 0.2 mm、1 mm、3 mm 和 13 mm 的标准筛。

2) 煤样存储

实验借助了中国检验检疫科学研究院国家级重点实验室某市港化矿实验室齐全、先进的煤质分析设备, 测定煤样各项指标的真实值, 并采集煤样的光谱数据, 其中, 所得各项指标的标准分析结果获得国家权威认证具有较高的可信度。在各矿区收集的近 300 批煤, 经煤样采取和制备后, 统一送至该实验室检测水分等常规指标的真实值及其光谱数据。从采样到送交分析化验大概需要 1 周的时间, 为了抑制由于空气氧化而引起的煤质变化, 减少煤中水分的丢失, 依据国家相关标准的规定 [73], 将其放置于密封性较强的塑料桶中。

3) 煤样粒度

在煤质近红外光谱分析技术中, 样品粒度不同直接影响了近红外在煤样中的吸收、透射、反射与衍射等, 不仅吸光度值发生变化, 光谱数据的噪声干扰也随之改变, 从而使光谱数据的信噪比发生改变。由于煤质近红外光谱分析技术尚处于起步阶段,目前国家并未出台相应的标准规范。为了获得质量高、适用性强的煤样光谱数据,构建相同的测试平台 (模型),制定统一的评估函数 (参数) 研究不同粒度等级下采集的煤样光谱数据对分析结果的影响。

现有的国家标准规定:测定煤中全水分时粒度 <13 mm(外在水分) 与 <3 mm(内在水分),水分、灰分、挥发分和发热量粒度 <0.2 mm,存查样品的粒度 <1 mm 或 3 mm。因此,实验选择孔径为 0.2 mm、1 mm、3 mm 和 13 mm 的标准筛,研究煤样光谱数据的准确度与粒度的关系,进而制定煤质近红外光谱分析技术的相关标准,完善相关的实验采集条件。

2.2.3 近红外光谱分析仪

近红外光谱分析仪 (near infrared spectrometric analyzer,NIRSA) 的核心光学部件是分光器,按分光原理的不同可分为滤光片型、色散型、声光可调型和干涉型 4 种类型 [37,66,67],其测定方式、工作原理及优缺点见表 2-2。结合课题的研究目的与实验条件,通过对比,选择干涉型的傅里叶变换 (Fourier transform,FT)NIRSA 用于采集煤样的光谱数据,其工作原理如图 2-6 所示。该仪器的核心部件是 Michelson 干涉仪,它可以将 NIR 光源发出的光分成两束制造一定的光程差,再使其复合发生干涉,然后对获得的包含全光谱区间光强信息的干涉图进行傅里叶变换计算,获得样品的 NIR 光谱图。

表 2-2   不同类型 NIRSA 的性能对比

仪器类型	测定方式	工作原理	优点	缺点
滤光片型	离散	光经过滤光片得到一定带宽的单色光,与样品作用后由检测采集	设计简单、成本低、光通量大、信号记录快、灵活方便	单色光的带宽较宽,波长分辨率差、测量误差大
色散型	频域的连续测定	光先照射试样,再经光栅分成单色光,与样品作用后由检测采集	分辨率较高,仪器价位适中,便于维护	扫描速度慢
声光可调型	频域的连续测定	光源通过声光可调滤光器,经超声射频的变化实现光谱扫描	波长切换快、重现性好,灵活性强	分辨率较低,波长范围有限,核心部件价格昂贵
干涉型	时间域的连续测定	光源通过 Michelson 干涉仪得到干涉图,经傅里叶变换,得到光谱图	分辨率、信噪比、灵敏度和测量精度高,扫描速度快,测量范围广	对仪器的使用和放置环境要求较高

目前国内生产的红外光谱分析仪专业性较强,测定范围大多集中在中红外区,而近红外区则属于扩展性应用,需要用户自行更换分束器,模型转移精度较低。国外比较常用的 FT-NIRSA 有: 美国 Thermo Fisher 公司分子光谱部生产的 Antaris II 型 FT-NIRSA(简介见附录) 和德国布鲁克公司生产的 MPA 型多功能 FT-NIRSA。

相较于国内的产品，它们采用结构化模块设计技术的近红外仪器，具有独立的 NIR
采样模块，仪器的测量精度较高。

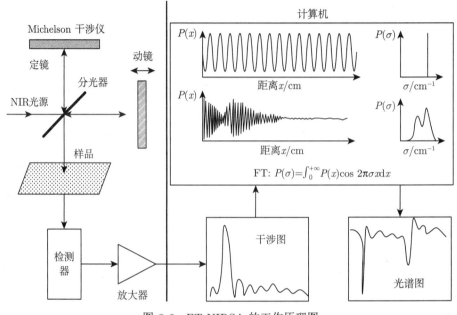

图 2-6　FT-NIRSA 的工作原理图

　　选用如图 2-7 所示的 Antaris II 型 FT-NIRSA，仪器的技术参数设置如表 2-3
所示。采集空气干燥基下，同一组煤样粒度分别为 0.2 mm、1 mm、3 mm 和 13 mm
时的 4 种光谱数据。

图 2-7　Antaris II 型 FT-NIRSA

表 2-3 Antaris II 型 FT-NIRSA 的技术参数设置

波数范围/cm^{-1}	波长点数	分辨率/cm^{-1}	样品扫描次数
10001.0283~3799.0793	1609	4	64

2.2.4 基础分析模型

煤质近红外光谱分析技术的核心思想是利用主成分分析、偏最小二乘法、核方法、自组织映射、径向基函数网络、支持向量机、随机森林等机器学习和神经网络方法，寻找一种最优数学函数表达[78]，用于逼近煤样的光谱数据与各指标真实值之间的复杂对应关系。

煤质近红外光谱分析技术的操作流程如图 2-8 所示。首先，依照我国国家标准的相关规定，采集制备试验煤样，并测定煤的水分、灰分、挥发分和发热量等指标的真实值；同时，使用 NIRSA 采集同一煤样 4 种不同粒度等级下的光谱数据。然后，建立基于各种学习理论与方法的分析模型，利用优化算法和多次仿真验证调整优化模型参数。最后，将实验结果满足评估函数要求的模型用于煤质近红外光谱分析。

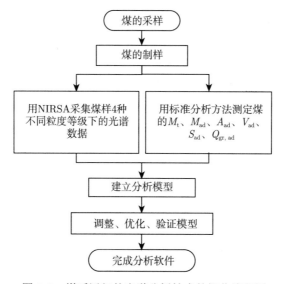

图 2-8 煤质近红外光谱分析技术的操作流程图

2.2.4.1 基础建模理论与方法

目前关于煤质近红外光谱分析模型构建的研究主要集中在光谱数据压缩处理和定量回归分析两个方面，常用的方法有：主成分分析、偏最小二乘法和反向传播神经网络[46−56]。

1) 基于主成分分析方法的光谱数据压缩

NIRSA 的波长点参数设置为 1609，即煤样光谱数据的维数为 1609，维数较高。为了降低分析模型的空间复杂度，提高学习速度，必须对光谱数据进行压缩降维。主成分分析 (principal component analysis, PCA) 方法利用线性投影方法把全区间的煤样光谱数据转化成一组新的数据集合，从中选出少数几个具有代表性的主成分作为原光谱数据的特征信息，是一种最常用的光谱数据压缩方法 [79,80]。低维的特征信息既包含了原始数据中主要的有用信息，还在一定程度上滤除了部分噪声，实现了光谱数据的有效压缩。

2) 基于偏最小二乘法和反向传播神经网络的定量回归分析

偏最小二乘 (partial least square, PLS) 法由 S. Wold 和 C. Albano 等于 1983 年首次提出，综合了 PCA、多元线性回归分析和典型相关分析的功能特点，可同时完成数据压缩、变量间相关分析和回归预测 [81]，是 NIRS 最常用的线性回归建模方法之一 [78,82,83]。PLS 法利用逐步回归的基本思路，通过提取概括原光谱数据的主成分，建立新特征信息与煤样各项指标真实值的回归关系，再表示成原光谱数据的回归方程直至其预测精度满足要求为止。

PLS 法的实现步骤 [84] 如下。

输入：对于 l 组煤炭样本，相应的光谱数据集为 $X_{l \times p}$，各指标真实值的数据集 (真实数据集) 为 $Y_{l \times n}$。

步骤 1：因子分析，用矩阵 X 和 Y 的列向量互相参与矩阵因子的计算，

$$X = TP' + E$$

$$Y = UQ' + F$$

其中，T 和 U 分别为 X 和 Y 的得分矩阵，需满足尽可能大地携带矩阵 X 和 Y 的信息，且 T 和 U 间具有尽可能大的相关程度；P 和 Q 分别为 X 和 Y 的载荷 (主成分矩阵)，E 和 F 为 PLS 法拟合 X 和 Y 时所引进的残差矩阵。

步骤 2：回归分析，将 T 和 U 进行回归计算：

$$U = TB$$

其中，B 为关联系数矩阵，表征了 U 和 T 间的内在联系。

步骤 3：未知煤样预测，待测煤样光谱数据 X_N 计算其指标参数矩阵 Y_N：

$$Y_N = T_N BQ' = X_N PBQ'$$

反向传播 (back propagation，BP) 神经网络的算法核心是通过不断地调整网络的权值和阈值修正向后传播的实际输出与期望输出的最小均方差，以逼近期望输出与输入的映射关系，直至收敛于较小的均方差 [85,86]，是 NIRS 最常用的非线性回归建模方法之一 [87-89]。理论上已经证明，具有一个隐含层的 3 层网络可以逼近任意非线性函数。因此，研究典型的 3 层 BP 神经网络，其结构如图 2-9 所示。

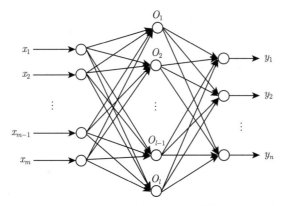

图 2-9 BP 神经网络的结构

由于 BP 神经网络利用梯度下降法寻找网络最优的权值阈值，直至煤样各项指标的预测值与真实值间的误差满足要求为止，因而方法的收敛速度慢且易陷入局部极小值。为了取得较高的预测精度和较快的收敛速度，借助遗传算法 (genetic algorithm，GA) 的全局搜索能力优化 BP 神经网络的初始权值和阈值，避免网络陷入局部最优解 [90,91]，方法的流程图如图 2-10 所示。

选用 PLS 法和 PCA-GA-BP 神经网络组合模式，分别建立基础的分析模型，并将其作为验证后续理论与方法有效性的统一实验平台。

2.2.4.2 模型评估函数

1) 定量分析模型的评估函数

绝对误差 (absolute error) 是每个待测煤样各项指标的预测值与真实值之差的绝对值，直观地反映了分析模型的预测输出结果对真实值 (期望输出) 的逼近情况，公式如下所示：

$$E_A(i) = |p_i - s_i| \tag{2-25}$$

l 个待测煤样各项指标预测值与真实值间绝对误差的均值 E_{ave} 为

$$E_{ave} = \frac{1}{l} \sum_{i=1}^{l} |p_i - s_i| \tag{2-26}$$

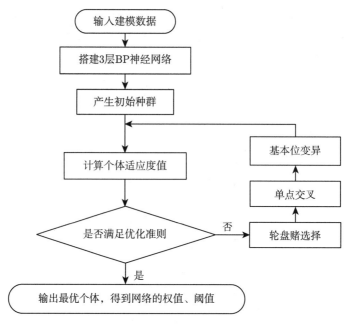

图 2-10   GA-BP 神经网络方法的流程图

参照国家标准对煤样各项指标精密度的要求，制定煤质近红外光谱分析技术的精密度。煤质标准分析方法测定各项指标的数值作为分析模型的期望输出，由于测量误差的存在，它仅是近似真实值，与真实值的偏差在国家标准规定的重复性限上下波动。煤质近红外光谱分析技术允许的测定误差范围可参照国家标准的精密度要求：再现性临界差 ×2，具体情况如表 2-4 所示。

表 2-4   煤质近红外光谱分析的精密度

指标项目	水分	灰分	挥发分	发热量
E_A	1 %	1.4 %	3.0 %	0.6 MJ/kg

均方根误差 (root-mean-square error，RMSE) 是 l 个待测煤样各项指标的预测值与真实值偏差的平方和样本个数比值的平方根，反映了分析模型的预测精密度，公式如下：

$$E_{\mathrm{RMS}} = \sqrt{\dfrac{\sum\limits_{i=1}^{l}(p_i - s_i)^2}{l}} \tag{2-27}$$

相关性系数 (correlation coefficient) 是 l 个待测煤样各项指标的预测值与真实值之间相关关系的一个度量，间接地反映光谱特征信息与真实值间相关程度，公式

如下:

$$R = \frac{\sum\limits_{i=1}^{n}(p_i - \bar{p})(s_i - \bar{s})}{\sqrt{\sum\limits_{i=1}^{n}(p_i - \bar{p})^2}\sqrt{\sum\limits_{i=1}^{n}(s_i - \bar{s})^2}} \tag{2-28}$$

决定系数 (coefficient of determination):

$$R^2 = 1 - \frac{\sum\limits_{i=1}^{l}(p_i - s_i)^2}{\sum\limits_{i=1}^{l}(s_i - \bar{s})^2} \tag{2-29}$$

其中,p_i 和 s_i 为第 i 个样本的预测值与真实值;$\bar{p}$ 和 $\bar{s}$ 分别为预测值与真实值的均值。

为了全面准确地评估煤质近红外光谱分析模型的性能,选用 E_{A}、E_{ave}、E_{RMS}、R 和 R^2 作为评估函数。在模型优化调整时,E_{RMS} 和 R 又可作为各理论方法的适应度函数,以寻求最大适应度值。

2) 定性分析模型的评估函数

由于各类样本数量不平衡,少数类的分类结果更重要,而整体正确率无法突出少数类分类结果的重要性,衡量算法的优劣。因此,采用单分类精度 acc_i 和几何均值 G-mean 来衡量算法性能。

单分类精度 acc_i 定义为

$$\mathrm{acc}_i = \frac{T_i}{T_i + F_i} \tag{2-30}$$

其中,T_i 为第 i 类分类正确的样本数;F_i 为第 i 类分类错误的样本数。

几何均值 G-mean 定义为

$$\mathrm{G\text{-}mean} = \left(\prod_{i=1}^{c}\mathrm{acc}_i\right)^{c^{-1}} \tag{2-31}$$

其中,c 为样本所含类别数。

2.3 本章小结

本章介绍了煤样的采集制备、各项指标的测定、光谱采集等实验数据获取的相关知识,给出了基础的分析建模方法和模型性能的评估函数。

　　实验采集了内蒙古、山西、贵州和东北三省不同矿区的近 150 批烟煤与褐煤。根据实验分析的要求制备 0.2mm、1mm、3mm 和 13mm 4 种粒度等级的样本，使用 NIRSA 分别采集它们的光谱图。按照相关的国家标准规定分别测定了煤的 M_t、M_{ad}、A_{ad}、A_d、V_{ad}、V_{daf} 和 $Q_{gr,ad}$7 项指标。建立基础的分析模型，利用 PCA 提取特征信息压缩光谱数据，利用 GA-BP 神经网络方法构建定量回归模型预测各指标的值。将该模型作为测试平台，E_A、E_{ave}、E_{RMS} 和 R 作为评估函数，对比分析后续章节分析理论与方法的有效性。

　　在后续的章节中，将重点研究建模样本优化、煤样光谱数据处理和定量回归模型的构建，其中，第 3 章介绍建模样本优化的理论与方法；第 4 章给出光谱数据恢复去噪的理论与方法；第 5 章研究利用特征子集选择和特征提取的方法筛选新的特征信息，压缩光谱数据；第 6 章研究煤质近红外光谱定量回归模型的构建；第 7 章研究煤质近红外光谱定性分析模型。

第3章　煤炭光谱数据的优化和校正

在煤质近红外光谱分析中，最优建模数据的选取是分析模型预测精确和稳定的基础。同一批煤样由于实验条件的不同或其他随机因素的影响导致光谱数据不尽相同，即各指标真实值与光谱数据之间不是一一对应，而是"一对多"的关系，再加上异常样本的存在，使得建模数据间的定量对应关系发生偏离，干扰了分析模型的正确构建。因此，本章主要研究建模数据优化处理，包括不同粒度等级下煤样光谱数据准确度的对比分析、奇异样本剔除和争议样本判别，以获得高质量的数据合理指导模型的学习训练。

3.1　煤粒度对光谱数据准确性的影响

煤质近红外光谱分析技术是基于 NIR 在样本颗粒间发生多次反射、折射、透射、衍射，以及煤中有机分子和水分子对特定能量级 (频率)NIR 的吸收等漫反射作用 [92] 而建立的煤质快速分析方法。由式 (2-15) 可知，漫反射吸光度取决于煤样对 NIR 的吸光系数 K 和散射系数 S，其中，K 与煤样的化学组成以及分子结构有关，反映了煤的本质特性信息；而 S 与煤样的物理状态有关，如样本颗粒的大小、分布等 [37,92]。为了在各指标真实值与光谱数据中寻求相关性较高的"一一对应"关系 [78]，研究煤样不同粒度等级下光谱数据所携带的煤样信息的准确率，优化数据模型的原始信息。

3.1.1　实验数据

按照国家相关标准实验采集制备了 146 批来自于内蒙古、山西、贵州和辽宁等地区的烟煤与褐煤试样，采用煤质标准分析方法测定 M_t、M_{ad}、A_{ad}、A_d、V_{ad}、V_{daf} 和 $Q_{gr,ad}$7 项指标的真实值 (近似)，NIRSA 采集同一批煤样在 0.2 mm、1 mm、3 mm 和 13 mm 粒度等级下的光谱数据，如图 3-1 所示。

同一煤样的吸光系数 K 为常量，煤粒度改变时煤样颗粒间的空隙与密度随之变化，导致对 NIR 的透射、折射和反射等散射作用也发生变化，即散射系数 S 为变量。散射系数 S 与粒度的关系 [37,92] 为：粒度 ↑→ 颗粒间空隙 ↑→ 密度 ↓→ 散射作用 ↓→ S↓。根据吸光度 A 与 K/S 的关系 (图 3-2)，可知如下结论。

(1) 粒度与吸光度 A 的关系为：粒度 ↑→ S↓→ K/S↑→ 吸光度 A↑。

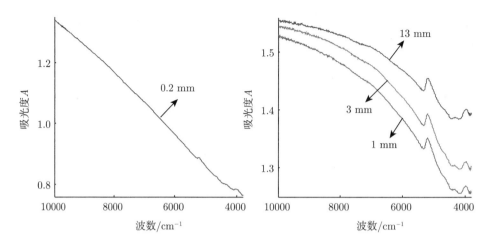

图 3-1　不同粒度等级下的煤样光谱图

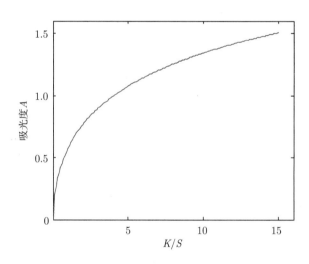

图 3-2　吸光度 A 与 K/S 的关系曲线

(2) 吸光度 A 与 K/S 呈非线性关系，K/S 值越大吸光度 A 值的增幅越缓慢，即粒度越大吸光度 A 的增值越小。因此，同一煤样粒度从 0.2 mm 变为 1 mm 时吸光度 A 值增幅较大，而在 1~13 mm 时较小。

(3) 粒度增大时吸光度 A 被放大，粒度为 1~13 mm 的煤样在 NIR 特征波长处的吸收谱峰比 0.2 mm 的明显。

(4) 粒度变大时煤样颗粒的空隙变大，NIR 在煤样中的光程变化增大，随机误差、噪声影响和散射干扰等不稳定因素增多，进而导致煤样光谱数据的准确度与可信度降低。

3.1.2 实验方法

利用 2.2.4 节建立的基础分析模型对 4 种粒度等级下的煤样光谱数据的准确度进行全面测评。

基于 CV(交叉验证)-PLS 算法的定量回归模型步骤如下。

步骤 1: 数据集划分, 从 146 组煤样数据中随机选取 26 组为验证集, 120 组平均分为 6 个子集, 轮流将其中一个子集作为校正集, 其余子集为训练集;

步骤 2: 建立 PLS 法定量回归模型, 将 1609 维的光谱数据作为输入变量, 煤样的 M_t、M_{ad}、A_{ad}、A_d、V_{ad}、V_{daf} 和 $Q_{gr,ad}$ 值作为输出变量;

步骤 3: 主成分数确定, 取 6 个子集的最小 E_{RMS} 为目标函数, 利用 CV 方法分别搜索 4 种粒度等级下 PLS 法模型的最优主成分数目, 范围 1~15, 步长为 1;

步骤 4: 结果测评, 对比验证集煤样各项指标的预测值与真实值间的 E_A、E_{RMS} 和 R, 获得 4 种光谱数据准确性和相关性的分析结果。

PCA-GA-BP 神经网络组合模式的定量回归模型步骤如下。

步骤 1: 光谱数据压缩, 4 种粒度等级的光谱数据维数均为 1609, 采用 PCA 方法提取特征信息, 选取累积贡献率 ≥99.9% 的前几个主成分代替原始光谱数据;

步骤 2: 数据集划分, 从 146 组煤样数据中随机选取 26 组为验证集, 20 组为校正集, 其余 100 组为训练集;

步骤 3: 建立一个 3 层的 BP 神经网络定量回归模型, 根据经验设置 10 个隐含层神经元, 将由主成分组成的特征信息作为输入变量, 煤样的 M_t、M_{ad}、A_{ad}、A_d、V_{ad}、V_{daf} 和 $Q_{gr,ad}$ 值作为输出变量;

步骤 4: 模型优化, 选取校正集的 $1/E_{RMS}$ 为目标函数, 利用 GA 的全局搜索能力优化 BP 神经网络的初始权值阈值;

步骤 5: 验证集预测结果的对比评估。

3.1.3 结果与讨论

对 4 种粒度等级的煤样光谱数据建立基于 CV-PLS 方法的定量回归模型, 其最优主成分数目分别为 7、7、8 和 9, 验证集的分析结果如表 3-1 所示。

对 4 种粒度等级的煤样光谱数据利用 PCA 方法压缩光谱数据, 提取累计贡献率 >99.99% 的前 5 个主成分 (principal component, PC)(表 3-2) 作为 GA-BP 神经网络模型的输入变量, 验证集的预测结果如表 3-3 所示。

表 3-1　不同粒度等级下 CV-PLS 模型的分析结果

指标	E_{RMS}				R			
	0.2 mm	1 mm	3 mm	13 mm	0.2 mm	1 mm	3 mm	13 mm
M_t	2.0942	2.2557	2.2619	6.4571	0.9102	0.8415	0.8306	0.1887
M_{ad}	0.6983	2.4593	2.3662	3.7072	0.9679	0.7950	0.7403	0.3476
A_{ad}	3.0434	3.3415	3.5081	8.2811	0.7614	0.6711	0.6667	0.2010
A_d	3.2178	3.4291	3.6152	8.1128	0.7438	0.6521	0.6472	0.1896
V_{ad}	1.5143	1.8025	1.6058	4.5282	0.8284	0.7486	0.7373	0.1531
V_{daf}	1.6979	1.9358	2.4748	5.0182	0.8151	0.7347	0.7108	0.1417
$Q_{gr,ad}$	1.2947	1.9893	2.2709	3.6722	0.8029	0.7205	0.6509	0.1735

表 3-2　不同粒度光谱数据的累计贡献率

粒度	PC1	PC2	PC3	PC4	PC5
0.2 mm	87.466	99.689	99.964	99.986	99.995
1 mm	90.547	99.678	99.923	99.980	99.994
3 mm	89.910	99.661	99.916	99.982	99.994
13 mm	91.676	99.773	99.957	99.987	99.996

表 3-3　不同粒度等级下 GA-BP 神经网络模型的分析结果

指标	E_{RMS}				R			
	0.2 mm	1 mm	3 mm	13 mm	0.2 mm	1 mm	3 mm	13 mm
M_t	1.6697	2.1841	2.0600	6.2451	0.9211	0.8451	0.8643	0.1325
M_{ad}	0.9400	2.1723	2.0804	4.1794	0.9624	0.7964	0.8001	0.1383
A_{ad}	2.8822	3.3620	3.5150	7.2845	0.7906	0.6720	0.6678	0.2867
A_d	2.9867	3.5246	3.5543	7.0935	0.7810	0.6534	0.6567	0.2857
V_{ad}	1.4997	1.5815	1.7284	4.5100	0.7949	0.7673	0.7636	0.1387
V_{daf}	1.8564	1.9263	2.2991	5.0809	0.7862	0.7322	0.7126	0.1576
$Q_{gr,ad}$	1.1511	1.9602	1.8062	3.4752	0.8572	0.7380	0.7129	0.2231

　　由表 3-1 和表 3-3 可知，煤粒度为 13 mm 的光谱数据所对应的两个模型的 E_{RMS} 最大，相关系数 R 最小，M_t 的 $E_{A,max}$ 约为 13%，M_{ad} 约为 7%，A_{ad} 和 A_d 约为 20%，V_{ad} 和 V_{daf} 约为 6%，$Q_{gr,ad}$ 约为 5 MJ/kg，与煤质近红外光谱分析技术的精密度要求相差较远。而 0.2~3 mm 的光谱数据与真实值间的相关性较大，预测结果大都接近或满足该技术的精密度要求。

　　随机抽取 3 组煤样 (分别标注为 1、2、3) 在 4 种粒度等级下 NIR 的吸光度曲线如图 3-3 所示。

　　(1) 在 0.2~3 mm 粒度等级下，3 组煤样吸光度 A 的大小关系大致为 1 > 2 > 3；

　　(2) 由于在 13 mm 粒度等级下 NIR 的噪声干扰和散射影响太大，光谱数据已不能准确地反映煤样的元素组成与分子结构信息等，导致吸光度 A 的大小关系变为 3 > 1 > 2，与真实值间偏差较大、相关性低。

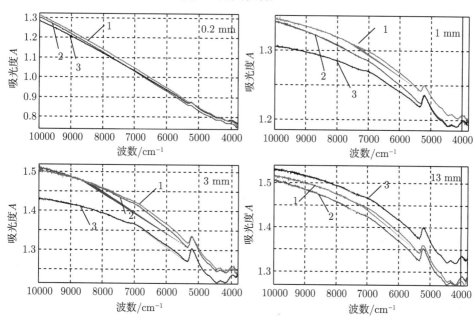

图 3-3 不同粒度等级下 3 组煤样的光谱图

因此，13 mm 粒度等级下的煤样光谱数据不适于参加建模分析，在后续的研究内容中不再对其予以分析。

3.2 基于距离测定的异常样本剔除

在煤样近红外光谱数据采样的过程中，有些光谱的差异是由人为因素、背景干扰等随机因素造成的，而非完全因所测样品的组成或者性质差异而形成，这部分光谱样本为异常样本[37,93]。近红外光谱集中异常样本产生的原因主要有 2 类。①NIRS 分析仪器。随着 NIRS 分析技术的发展，NIRS 仪器的精密度不断提高，但是长时间使用后，仪器或其周围环境温度的变化，会导致仪器产生信号的能量随之变化，从而使扫描煤样时所得数据产生异常。②人为操作失误。煤炭制样时样品的松紧度、颗粒度、均匀性等都会使其光谱数据测量值产生偏差。

应用近红外光谱分析煤炭品质时，需要采集大量的样品，而煤异常光谱是明显偏离光谱数据集主体分布，以及非随机误差造成的离群光谱数据，是煤质近红外光谱分析过程中不可避免的消极影响因子。在煤质定量分析过程中，这些样本会提高模型的空间复杂度、降低学习速度和精度，应予以剔除。因此，在建模前必须对建模数据集进行检测判别，剔除异常光谱数据及其各指标的真实值。通过深入研究异常样本筛选方法, 获取合适的煤样光谱训练集, 不仅能减少建模的工作量, 还会改善模型的准确性与适用性, 这也是 NIRS 分析技术的核心。目前异常样本剔除的常用方法有欧氏距离与马氏距离判别准则、留一法等 [94-97]。

3.2.1　基于欧氏迭代裁剪法的异常样品剔除

3.2.1.1　理论基础

欧氏距离 (Euclidean distance, ED)[98] 具有平移不变性、旋转不变性和简单直观的优势, 常用于度量不同对象间相异测度, 数据集 $\boldsymbol{X}_{l\times p}$ 中对象 $\boldsymbol{x}_n$ 与 $\boldsymbol{x}_m$ 间的 ED 可表示为

$$D_{\mathrm{E}}(\boldsymbol{x}_n, \boldsymbol{x}_m) = \|\boldsymbol{x}_n - \boldsymbol{x}_m\| = \sqrt{\sum_{i=1}^{p}(x_{n,i} - x_{m,i})} \tag{3-1}$$

其中, $\boldsymbol{x}_n, \boldsymbol{x}_m \in \boldsymbol{X}_{l\times p}$, l 为 $\boldsymbol{X}_{l\times p}$ 的对象数; p 为 $\boldsymbol{X}_{l\times p}$ 的特征维数。

中心光谱 $\boldsymbol{x}_{\mathrm{C}}$ 可代表 $\boldsymbol{X}_{l\times p}$ 的总体特点与趋势, 是各光谱数据的属性融合, 选取平均光谱 $\bar{\boldsymbol{x}}$ 作为 $\boldsymbol{x}_{\mathrm{C}}$。裁剪线 L_{C} 是用于判定数据集中是否存在异常光谱的依据, 异常数据是空间分布中的离群点 [99], 与普通光谱有显著的偏差。

在以 $\boldsymbol{x}_{\mathrm{C}}$ 为中心、半径 $R = D_{\mathrm{E,mean}}$(平均距离) 的中心超球体 $\boldsymbol{V}_{\mathrm{C}}$ 区域内的样本均属于正常样本; 与其相切的所有超球体 $\boldsymbol{V}$(半径为 R) 空间内的样本是直接密度可达到的最远范围, 属于亚正常样本, 是正常样本和争议样本的集合; 在半径为 $3R$ 的超球体区域以外的属于异常样本, 如图 3-4 所示, 制定裁剪线 $L_{\mathrm{C}} = 3D_{\mathrm{E,mean}}$。

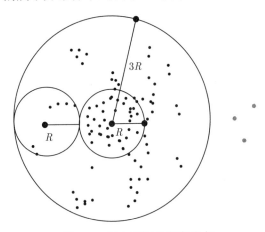

图 3-4　状态空间的密度分布

3.2.1.2　异常样本的迭代裁剪过程

基于欧氏距离的迭代裁剪 (iteration clipping based on Euclidean distance,

ED-IC) 法的核心是通过计算光谱数据集中每组光谱数据到中心光谱的欧氏距离判别空间分布中是否存在异常数据。

ED-IC 法的异常样本剔除过程如下。

输入：光谱数据集 $\boldsymbol{X}_{l \times p} = [\boldsymbol{x}_1, \boldsymbol{x}_2, \cdots, \boldsymbol{x}_l]$，第 i 组光谱数据 $\boldsymbol{x}_i = [x_{i,1}, x_{i,2}, \cdots, x_{i,p}]$ $(\boldsymbol{x}_i \in \boldsymbol{X}_{l \times p}, i = 1, 2, 3, \cdots, l, p = 1609)$，原始数据集 $l = 146$。

步骤 1：中心光谱 $\boldsymbol{x}_C$ 的计算，即 $\boldsymbol{x}_C = \bar{\boldsymbol{x}} = \dfrac{1}{l} \sum\limits_{i=1}^{l} \boldsymbol{x}_i$；

步骤 2：计算每组光谱数据到中心点的 ED，即

$$D_{E,i} = D_E(\boldsymbol{x}_i, \boldsymbol{x}_C) = \sqrt{\sum_{j=1}^{p} (x_{i,j} - x_{C,j})};$$

步骤 3：划定裁剪线 $L_C = 3 \times D_{E,\text{mean}}$，其中

$$D_{E,\text{mean}} = \frac{1}{l} \sum_{i=1}^{l} D_{E,i} = \frac{1}{l} \sum_{i=1}^{l} \sqrt{\sum_{j=1}^{p} (x_{i,j} - x_{C,j})};$$

步骤 4：寻找在裁剪线之上的所有光谱，距离向量 $\boldsymbol{D}_E$ 中存在 $D_{E,i} > L_C$ $(D_{E,i} \in \boldsymbol{D}_E)$ 则存在异常光谱，将其从光谱数据集 $\boldsymbol{X}_{l \times p}$ 中裁剪去，即 $l = l - n_j$，其中 n_j 为第 j 次迭代学习中发现的异常光谱个数，更新 $\boldsymbol{X}_{l \times p}$，重复步骤 1~3；

步骤 5：距离向量 $\boldsymbol{D}_E < L_C$ 则说明 $\boldsymbol{X}_{l \times p}$ 中无异常样本，学习结束。

3.2.1.3　结果与讨论

粒度为 0.2 mm 的光谱数据集中异常光谱剔除的迭代学习过程如图 3-5 所示。初次迭代时，裁剪线 $L_C^1 = 5.395$，第 14、21 和 83 组煤样光谱数据的 ED 超出了 L_C^1 的范围，为异常样本予以剔除，更新 $\boldsymbol{X}_{l \times p}(l=143)$；第 2 次迭代过程中，重新划定裁剪线 $L_C^2 = 4.710$，无样本超出范围，即数据集中已无离群点，终止学习。

粒度为 1 mm 的光谱数据集中异常光谱剔除的迭代学习过程如图 3-6 所示。初次迭代时，裁剪线 $L_C^1 = 7.734$，第 21 组煤样光谱数据的 ED 超出了 L_C^1 的范围为异常样本，将其从数据集 $\boldsymbol{X}_{l \times p}$ 中剔除并更新 $\boldsymbol{X}_{l \times p}(l = 145)$；第 2 次迭代过程中，修正 $L_C^2 = 7.305$，第 13 组为异常样本予以剔除，更新 $\boldsymbol{X}_{l \times p}(l = 144)$；第 3 次迭代过程中，数据集中已无离群点，终止学习。

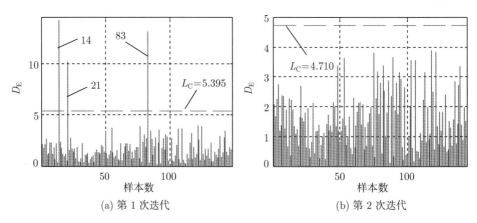

(a) 第 1 次迭代　　　　　　　　　　　　(b) 第 2 次迭代

图 3-5　异常光谱剔除的迭代学习过程: 0.2 mm 光谱数据集

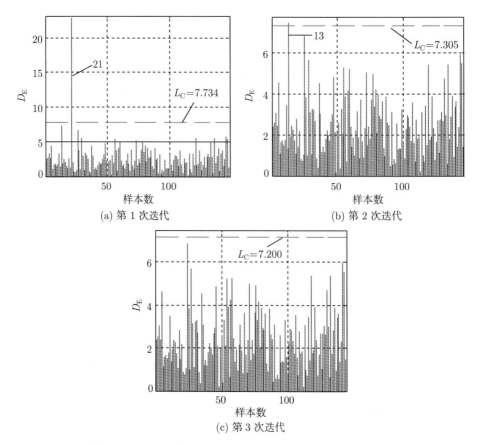

(a) 第 1 次迭代　　　　　　　　　　　　(b) 第 2 次迭代

(c) 第 3 次迭代

图 3-6　异常光谱剔除的迭代学习过程: 1 mm 光谱数据集

3 mm 煤样光谱数据集中异常数据的剔除同 1 mm，共进行了 3 次迭代学习，$L_C^1 = 7.550$、$L_C^2 = 7.112$、$L_C^3 = 7.009$，依次剔除了第 21 和 13 组异常光谱，分析过程如图 3-7 所示。

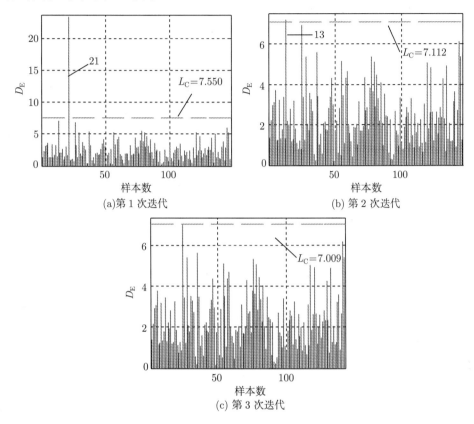

(a)第 1 次迭代 (b) 第 2 次迭代

(c) 第 3 次迭代

图 3-7 异常光谱剔除的迭代学习过程: 3 mm 光谱数据集

从上述分析可知，0.2 mm 煤样光谱数据集中，第 14、21 和 83 组为异常光谱；1 mm 和 3 mm 光谱数据集中，第 13 与 21 组为异常光谱。如图 3-8 所示，第 13 组

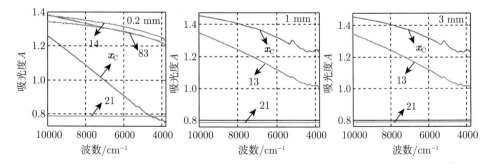

图 3-8 光谱数据集中的异常样本

光谱数据均是采集 0.2 mm 粒度等级下煤样的光谱,对于 1 mm 和 3 mm 数据集而言,它属于错误数据;第 21 组是由于仪器设置有误仅记录了背景信息的光谱,无煤样信息;第 14 和 83 组是分别对样品中 3 mm 和 1 mm 粒度的煤利用压模压样,改变其松紧度,在所属样本集为争议点,在其他样本集为异常点。

3 种光谱数据集的第一、第二主成分特征分布如图 3-9 所示,基于 ED-IC 法可有效地剔除光谱数据集中异常光谱,但对于类似第 14 和 83 组争议光谱不能进一步地判别。

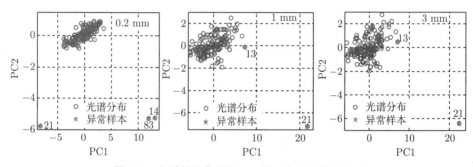

图 3-9　光谱数据集的第一、第二主成分特征分布

3.2.2　基于马氏迭代裁剪法的异常样品剔除

3.2.2.1　理论基础

假设煤样光谱矩阵与标准测量值矩阵合并构成新矩阵 $\boldsymbol{A}$,采用判别分析法筛选煤样近红外异常光谱,根据判别准则的不同,可划分为马氏距离最小准则、Fisher 准则、最大似然准则等,主要研究距离判别分析法。马氏距离 (Mahalanobis distance,MD),由印度统计学家 P. C. Mahalanobis 提出,具有统计意义。同一总体 G 的两样本间的马氏距离[98] 定义如下。

设总体 G 的两个观测样本向量分别为 $\boldsymbol{A}_i$ 和 $\boldsymbol{A}_j$,则 $\boldsymbol{A}_i$ 和 $\boldsymbol{A}_j$ 间的马氏距离为

$$d\left(\boldsymbol{A}_i, \boldsymbol{A}_j\right) = \sqrt{\left(\boldsymbol{A}_i - \boldsymbol{A}_j\right) \boldsymbol{\Sigma}^{-1} \left(\boldsymbol{A}_i - \boldsymbol{A}_j\right)^{\mathrm{T}}} \tag{3-2}$$

其中,$\boldsymbol{\Sigma}$ 为总体 G 的协方差矩阵;$\boldsymbol{\Sigma}^{-1}$ 为 $\boldsymbol{\Sigma}$ 的逆矩阵。

欧氏距离的大小与指标的单位有关,当向量的分量量纲不同时,欧氏距离具有一定缺陷,而马氏距离与量纲无关,故本节采用马氏距离进行异常样本的筛选。

基于马氏距离的异常样本判别分析法的基本思想概括如下:异常样本与普通光谱有显著的偏差,即明显偏离样本总体分布。本节选取平均光谱 $\bar{x}$ 作为中心光谱 x_{C},选用裁剪线 L_{C} 来判定数据集中是否存在异常光谱,具体实现方法为:在以 x_{C} 为中心,以裁剪线为半径的中心超球体 $\boldsymbol{V}$ 区域内的样本均为正常样本,其

余为异常样本。

3.2.2.2 基于马氏迭代裁剪法的异常样本筛选

马氏迭代裁剪 (iteration clipping based on Mahalanobis distance，MD-IC) 法，其基本思想是：首先，计算煤样光谱数据集中每个光谱样本到"中心光谱"的距离，中心光谱用样本集的平均光谱代替，距离采用马氏距离；然后，设置裁剪阈值来判别光谱空间分布中是否存在异常光谱。算法流程如图 3-10 所示。

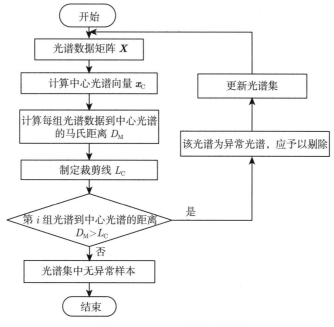

图 3-10　MD-IC 算法流程图

3.2.2.3 结果与讨论

基于 MD-IC 法异常光谱样本剔除的迭代学习结果如图 3-11 所示。第 1 次迭代过程中，裁剪阈值 $L_C = 1.914 \times 10^{10}$，146 组煤样光谱数据集中第 14、21、83 组数据的 D_M 大于剪裁阈值 L_C，判定为异常样本，应予以剔除，更新煤样光谱样本集 $(l = 143)$；第 2 次迭代过程中，重新制定裁剪阈值 $L_C = 3.175 \times 10^{10}$，所有马氏距离均在阈值范围内，判定无异常样本，迭代学习过程终止。

将原始光谱数据与剔除异常样本后的光谱数据分别作为输入，建立统一的 BP 神经网络与 PLS 法模型，选取相同的 23 组煤样数据作为测试样本，水分、灰分、挥发分、全硫分的预测误差如图 3-12 所示，模型的均方根误差 E_{RMS} 与测试集决定系数 R^2 如表 3-4 所示。

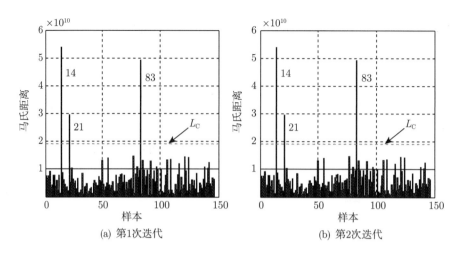

(a) 第1次迭代　　　　　　　　　　　　　(b) 第2次迭代

图 3-11　基于 MD-IC 法的异常光谱样本剔除的迭代学习结果

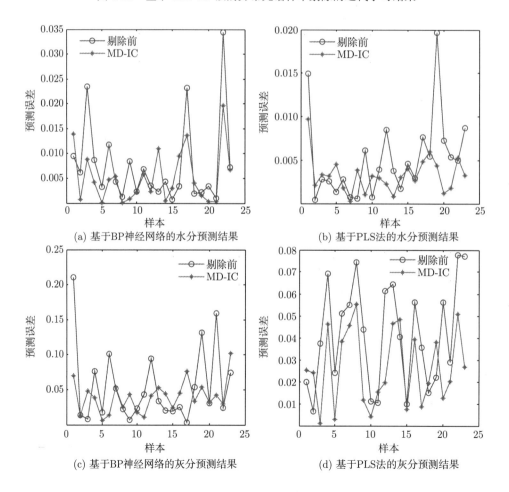

(a) 基于BP神经网络的水分预测结果　　　　　(b) 基于PLS法的水分预测结果

(c) 基于BP神经网络的灰分预测结果　　　　　(d) 基于PLS法的灰分预测结果

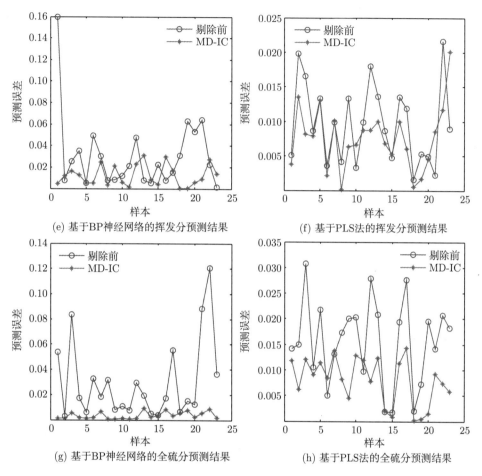

(e) 基于BP神经网络的挥发分预测结果

(f) 基于PLS法的挥发分预测结果

(g) 基于BP神经网络的全硫分预测结果

(h) 基于PLS法的全硫分预测结果

图 3-12　基于 MD-IC 的 BP 神经网络和 PLS 法模型预测误差

表 3-4　基于 MD-IC 的 BP 神经网络和 PLS 法模型的评价结果

模型	PLS		BP	
	E_{RMS}	R^2	E_{RMS}	R^2
无	0.0296	0.9310	0.0462	0.9189
MD-IC	0.0205	0.9804	0.0251	0.9745

　　由图 3-12 和表 3-4 可知, 异常样本剔除后, 煤样水分、灰分、挥发分及全硫分的 PLS 法和 BP 神经网络模型的预测误差均呈降低趋势。各组分 PLS 法模型的平均预测误差分别由 0.0051、0.0412、0.0097、0.0156 下降至 0.0033、0.0264、0.0076、0.0080, PLS 法模型的均方根误差由 0.0296 降至 0.0205; 各组分 BP 神经网络模型的平均预测误差分别由 0.0176、0.0542、0.0305、0.0297 下降至 0.0091、0.0399、0.0123、0.0037,

模型的均方根误差由 0.0462 下降至 0.0251。实验结果表明, 马氏迭代裁剪法能较有效地搜索出异常样本, 提高模型的预测精度与稳定性。

3.2.3 基于改进留一交叉验证法的异常样品筛选

3.2.3.1 理论基础

交叉验证法是一种以数据内部交叉验证为基础的方法, 其基本思想是测量数据矩阵中任意元素均被其余元素所建立的模型所预测。交叉验证法应用于煤样异常样本筛选时, 是将光谱矩阵 $\boldsymbol{X}_{l \times p} = [x_1, x_2, \cdots, x_l]$ 的第 i 组已知的煤样近红外光谱测量矩阵 $\boldsymbol{x}_i = [x_{i1}, x_{i2}, \cdots, x_{ip}]$ 及其对应的组分含量矩阵 $\boldsymbol{y}_i = [c_{i1}, c_{i2}, c_{i3}]$, 对应分成 l 个子集, 取其中 r 个子集作为预测集, 其余 $l-r$ 个子集作为校正集, 其中 $r = 1, 2, \cdots, l$。每个样本子集依次轮流作为预测样品, 经 n 次校正 — 预测后, 即可得出 r 取不同值时的预测均方根误差 E_{RMS}, 设定阈值 D, 当预测集的 E_{RMS} 值小于 D 时, 则保留该样本, 反之则为异常样本予以剔除。当 $r = 1$ 时, 即留一交叉验证 (leave-one-out cross validation, LOO-CV) 法。用该方法求出的误差对于实际中的测试误差来说几乎是无偏的。因此在实现原理上, 用留一法筛选异常样本的效果是最佳的 [100], 但当样本总数 n 较大时, 该方法运算量较大, 耗时长, 实时性较差。

K 均值聚类 (K-means cluster, K-MC) 法又称动态聚类法或快速聚类法, 基本思想是: 将待聚类的 L 个光谱样本集各看成一类, 则两样本之间的距离即两类之间的距离, 选择相似性最大即距离最小的一对样本形成一个新类; 接着计算该新类与其他所有类之间的距离, 取距离最小者合并成另一新类; 再计算类间或者类与样本间的距离, 取距离小者合并成新类, 依次重构, 至全部样本合为一类为止。该方法能有效克服谱系分类中存在的缺点: 样品被分入某类中后无法改变, 且样本容量较大时, 运算量较大, 实时性较差。在使用该方法前需先确定分类数 k, 每类中具有代表性的样本定义为聚点 [101]。

K 均值聚类的算法 (样本之间的距离为欧氏距离) 如下。

步骤 1: 设第 k 个初始聚点的集合为

$$L^{(0)} = \left\{ x_1^{(0)}, x_2^{(0)}, \cdots, x_k^{(0)} \right\}$$

$$G_i^{(0)} = \left\{ x : d\left(x, x_i^{(0)}\right) \leqslant d\left(x, x_j^{(0)}\right), j = 1, 2, \cdots, k, j \neq i \right\}, \quad i = 1, 2, \cdots, k$$

则将样本分为不相交的 k 类, 可得一个初始分类:

$$G^{(0)} = \left\{ G_1^{(0)}, G_2^{(0)}, \cdots, G_k^{(0)} \right\}$$

步骤 2：从初始类开始计算新的聚点集合 $L^{(1)}$，计算

$$x_i^{(1)} = \frac{1}{n_i} \sum_{x_l \in G_i^{(0)}} x_l$$

其中，$i = 1, 2, \cdots, k$，n_i 为类 $G^{(0)}$ 中的样本数。由此可得

$$L^{(1)} = \left\{ x_1^{(1)}, x_2^{(1)}, \cdots, x_k^{(1)} \right\}$$

从 $L^{(1)}$ 开始再进行分类，记

$$G_i^{(1)} = \left\{ x : d\left(x, x_i^{(1)}\right) \leqslant d\left(x, x_j^{(1)}\right), j = 1, 2, \cdots, k, j \neq i \right\}, \quad i = 1, 2, \cdots, k$$

从而得到新类：

$$G^{(1)} = \left\{ G_1^{(1)}, G_2^{(1)}, \cdots, G_k^{(1)} \right\}$$

步骤 3：重复上述步骤 m 次得

$$G^{(m)} = \left\{ G_1^{(m)}, G_2^{(m)}, \cdots, G_k^{(m)} \right\}$$

其中，$x_i^{(m)}$ 是类 $G_i^{(m-1)}$ 的重心。当 $x_i^{(m)}$ 可近似看成 $G_i^{(m)}$ 的重心，即当 $x_i^{(m+1)} \approx x_i^{(m)}$，$G_i^{(m+1)} \approx G_i^{(m)}$ 时，计算结束。

3.2.3.2 改进留一交叉验证法

实验采集 146 组煤炭近红外光谱样本，由于单一留一法中每个样本均为可疑样本，故需对分类器反复训练 146 次，耗时长且存在误判的缺陷，加之异常样本明显偏离光谱正常样本主体，所以本章提出一种基于 K 均值聚类法和留一交叉验证法相结合的异常样本剔除方法：利用 K 均值聚类法对样本进行聚类，将包含样本数较少的类定为可疑类，可疑类中的样本为可疑样本；将可疑样本作为验证集，通过留一交叉验证法进行二次判别，剔除异常样本，更新样本集，并通过各组分的 PLS 法、BP 神经网络分析模型的预测效果对该方法的合理性进行评价。

K 均值聚类法中样品之间的距离采用欧氏距离，为消除纵、横坐标量纲不同的影响，故须先对数据进行归一化。测量值与光谱图的准确度及它们之间相关系数的大小都是判断样品是否为异常样品的依据，因此在聚类时要综合测试值与光谱图的信息，取样品特征数为 1613(1609 个波长点加水分、灰分、挥发分、全硫分标准值)。

利用改进留一交叉验证法筛选异常样本的具体过程如下。

输入: 煤样光谱数据集 $\boldsymbol{X}_{l \times p} = [\boldsymbol{x}_1, \boldsymbol{x}_2, \cdots, \boldsymbol{x}_l]$, 第 i 组光谱 $\boldsymbol{x}_i = [x_{i,1}, x_{i,2}, \cdots, x_{i,p}]$ ($\boldsymbol{x}_i \in \boldsymbol{X}_{l \times p}, i = 1, 2, \cdots, l, p = 1609$), 煤中各项指标的真实值 $\boldsymbol{Y} = [\boldsymbol{y}_1, \boldsymbol{y}_2, \cdots, \boldsymbol{y}_l]$。实验输入数据 $\boldsymbol{Z} = [\boldsymbol{X}_{l \times p}, \boldsymbol{Y}]$, 其中 $l = 146$。

步骤 1: 利用 K 均值聚类法对煤炭光谱样本进行分类, 设置分类数 $k = 10$;

步骤 2: 完成首次筛选, 根据正常样本相对集中, 异常样本相对分散的原则, 将分类结果中小于 10 的类作为可疑样本类;

步骤 3: 将可疑样本作为预测样本, 分别通过留一交叉验证法结合 BP 神经网络算法, 得出预测结果;

步骤 4: 设置相对误差阈值 δ, 当 $\delta > 0.5$ 时则为异常样本, 应予以剔除, 反之则作为正常样本保留。

3.2.3.3 结果与讨论

将煤样数据分成 10 类, 分类结果如表 3-5 所示。根据正常样本相对集中这一特点, 可以认为第 1、4、8、9 四类样本中含有异常样本, 即将 16、17、18、20、28、29、42、43、66、69、87、92、93、100、104、107、108、110、113、117、118、130、136、139 共 24 组样本作为可疑样本集, 进行二次判别。

表 3-5 K 均值聚类法分类结果

类别编号	样本编号
1	20、66、69、93、100、107、108、117
2	1、15、24、51、56、58、65、68、71、73、74、76、79、86、143
3	2、13、23、32、33、44、46、49、50、55、57、67、77、81、88、101、102、103、105、106、109、112、115、116、120、121、122、124、132、137、138、141、142、146
4	87、104、110、113、130、136、139
5	10、11、12、14、27、38、48、59、60、63、72、90、126、133、140、144、145
6	9、21、22、25、34、45、53、61、70、96、99、114、119、123、125
7	3、4、6、8、19、30、31、37、41、47、52、54、62、75、78、84、85、127、135
8	16、28、29、42、43、92、118
9	17、18
10	5、7、26、35、36、39、40、64、80、82、83、89、91、94、95、97、98、111、128、129、131、134

在可疑样本集中每次选取一个样本作为预测样本, 其余为训练样本, 建立 BP 神经网络模型, 重复 24 次, 得到 24 组可疑样本化学测量值与预测值的相对误差 δ, 当 $\delta > 0.5$ 时则为异常样本, 应予以剔除。实验结果如图 3-13 所示, 图 3-13(a) 为基于留一交叉验证法的一次判别, 判别结果是编号为 17、18、23、32、71、87、92 的样本为异常样本, 应予以剔除; 图 3-13(b) 为基于 K 均值聚类法改进留一交叉

验证法的实验结果，判定 17、18、20、92 四个样本为异常样本，应予以剔除。在实验过程中，留一交叉验证法剔除异常样本用时 215.75s，K 均值改进留一交叉校验法用时 47.00s，改进后的算法大幅度减少了判别时间，且为实验保留了较多的样本数据。

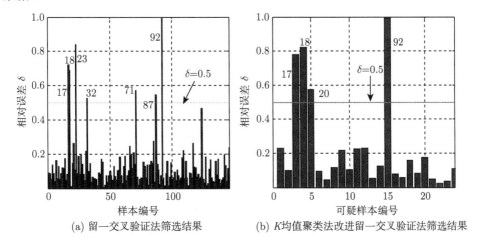

(a) 留一交叉验证法筛选结果　　　　(b) K均值聚类法改进留一交叉验证法筛选结果

图 3-13 留一法改进前后异常样本判别结果

将 K 均值聚类法改进留一交叉验证法中判别的异常光谱样本及其对应的成分标准值剔除，利用 PLS 模型和 BP 神经网络模型，对以上两种异常样本剔除方法进行评价，并与异常样本剔除前的预测效果进行对比。以上实验中，均将 K 均值聚类法改进留一交叉验证法中未被剔除的编号为 16、28、29、42、43、66、69、93、100、104、107、108、110、113、117、118、130、136、139 共 19 组样本作为验证集。实验结果如图 3-14 所示。

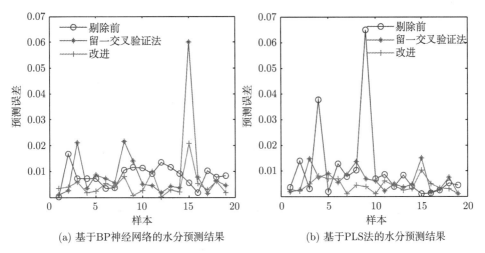

(a) 基于BP神经网络的水分预测结果　　　　(b) 基于PLS法的水分预测结果

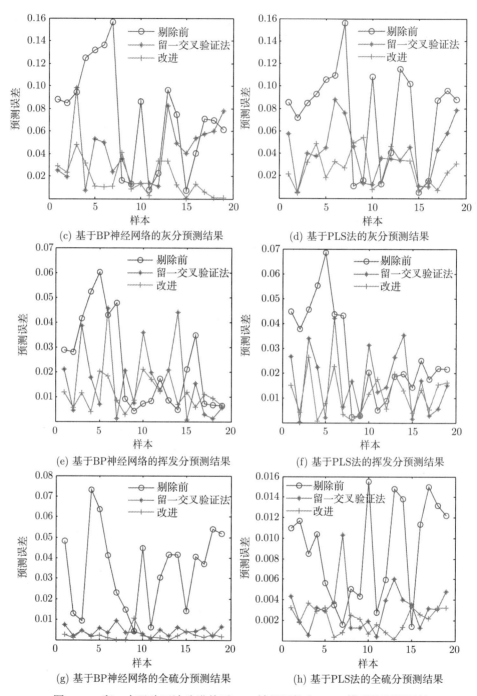

图 3-14　留一交叉验证法改进前后 BP 神经网络和 PLS 模型的预测误差

由图 3-14 的预测误差对比曲线可知,异常样本剔除后,水分、灰分、挥发分及全硫分的 BP 神经网络与 PLS 模型的预测误差均显著降低。经无处理、LOO-CV法和 K-MC-LOO-CV 法模式剔除异常样本后,BP 神经网络模型的均方根误差由 0.0469 下降至 0.0173,PLS 模型的均方根误差由 0.0471 下降至 0.0200,综合预测误差与均方根误差可知,K-MC-LOO-CV+BP 组合方法的模型拟合程度最佳,如表 3-6 所示。此外,K-MC-LOO-CV 法还降低了异常样本的筛选时间,为实现工业实时分析打下基础。

表 3-6　留一交叉验证法改进前后 BP 神经网络和 PLS 模型的评价结果

评价参数	BP			PLS		
	无	LOO-CV	K-MC-LOO-CV	无	LOO-CV	K-MC-LOO-CV
E_{RMS}	0.0469	0.0281	0.0173	0.0471	0.0308	0.0200
R^2	0.9287	0.9823	0.9832	0.9310	0.9842	0.9810

3.3　基于并行最小二乘回归估计的争议样本判别

光谱采集时容易受到实验环境等因素的干扰,建模样本中除了存在因粗大误差产生的异常样本,还有由煤样温度、湿度和松紧度等状态的差异造成的争议样本。该样本与离散度较大的正常样本无显著的偏差,分布于光谱群的边缘,降低了建模数据的准确度,必须对其进行准确判别并予以剔除。

3.3.1　理论基础

余弦相似性测度 (cosine similarity measure, CSM)[102,103] 是状态空间中对象 $\boldsymbol{x}_n$ 与 $\boldsymbol{x}_m$ 夹角的余弦值,以方向的偏差度量个体间的相似性 (相关性),具有旋转不变性,定义如下:

$$M_{\text{CS}}(\boldsymbol{x}_n, \boldsymbol{x}_m) = \frac{\boldsymbol{x}_n^{\text{T}} \boldsymbol{x}_m}{\|\boldsymbol{x}_n\| \|\boldsymbol{x}_m\|} \tag{3-3}$$

$$\|\boldsymbol{x}_i\| = \sqrt{\sum_{j=1}^{p} x_{i,j}^2} \tag{3-4}$$

其中,$i = (n, m)$;$\boldsymbol{x}_n, \boldsymbol{x}_m \in \boldsymbol{X}_{l \times p}$;$l$ 为 $\boldsymbol{X}_{l \times p}$ 的对象数;p 为 $\boldsymbol{X}_{l \times p}$ 的特征维数。

在计算两个样本的空间相关关系时,ED 度量每组样本与 $\boldsymbol{x}_C$ 的数值差异,而 CSM 着重区分方向的偏差[102,103]。图 3-15 为以 $\boldsymbol{x}_C$ 为中心的 4 组样本 $\boldsymbol{x}_1$、$\boldsymbol{x}_2$、$\boldsymbol{x}_3$、$\boldsymbol{x}_4$ 的空间分布,其中,$\boldsymbol{x}_1$ 与 $\boldsymbol{x}_4$ 为相似样本,其余为相异样本,$\boldsymbol{x}_2$ 与 $\boldsymbol{x}_4$ 在同一方向,$\boldsymbol{x}_3$ 与 $\boldsymbol{x}_4$ 到 $\boldsymbol{x}_C$ 的 ED 距离相同。仅用 CSM 度量时 $\boldsymbol{x}_2$ 被误判为相似样本,仅用 ED 度量时 $\boldsymbol{x}_3$ 被误判为相似样本。

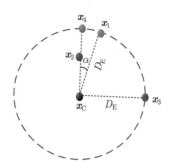

图 3-15　以 $\boldsymbol{x}_\mathrm{C}$ 为中心的 4 组样本 $\boldsymbol{x}_1$、$\boldsymbol{x}_2$、$\boldsymbol{x}_3$、$\boldsymbol{x}_4$ 的空间分布

　　为了准确定位样本的空间相关关系 (相似或相异)，需将 CSM 与 ED 两种测度进行有机的融合。书中定义了样本 $\boldsymbol{x}_n$ 与 $\boldsymbol{x}_m$ 以 $\boldsymbol{x}_\mathrm{C}$ 为中心的相关性测度 (relevance measure，RM)，公式如下所示：

$$M_\mathrm{R}(\boldsymbol{x}_n, \boldsymbol{x}_m) = M_\mathrm{CS}(\boldsymbol{x}_n, \boldsymbol{x}_m) \times M_\mathrm{ED}(\boldsymbol{x}_n, \boldsymbol{x}_m) \tag{3-5}$$

$$M_\mathrm{CS}(\boldsymbol{x}_n, \boldsymbol{x}_m) = \frac{(\boldsymbol{x}_n - \boldsymbol{x}_\mathrm{C})^\mathrm{T}(\boldsymbol{x}_m - \boldsymbol{x}_\mathrm{C})}{\|\boldsymbol{x}_n - \boldsymbol{x}_\mathrm{C}\|\,\|\boldsymbol{x}_m - \boldsymbol{x}_\mathrm{C}\|} \tag{3-6}$$

$$M_\mathrm{ED}(\boldsymbol{x}_n, \boldsymbol{x}_m) = 1 - \left|\frac{\Delta D_\mathrm{E}(\boldsymbol{x}_n, \boldsymbol{x}_m)}{\mathrm{Sum}(\Delta D_\mathrm{E})}\right| \tag{3-7}$$

$$\Delta D_\mathrm{E}(\boldsymbol{x}_n, \boldsymbol{x}_m) = D_\mathrm{E}(\boldsymbol{x}_n, \boldsymbol{x}_\mathrm{C}) - D_\mathrm{E}(\boldsymbol{x}_m, \boldsymbol{x}_\mathrm{C}) = \|\boldsymbol{x}_n - \boldsymbol{x}_\mathrm{C}\| - \|\boldsymbol{x}_m - \boldsymbol{x}_\mathrm{C}\| \tag{3-8}$$

式 (3-5) 是样本 $\boldsymbol{x}_n$ 与 $\boldsymbol{x}_m$ 以 $\boldsymbol{x}_\mathrm{C}$ 为中心的 CSM 求解公式，其中 $M_\mathrm{CS} \in [-1, 1]$，只有当 $\boldsymbol{x}_n = \boldsymbol{x}_m$ 时 $M_\mathrm{CS}(\boldsymbol{x}_n, \boldsymbol{x}_m) = 1$；式 (3-7) 是 $\boldsymbol{x}_n$ 与 $\boldsymbol{x}_m$ 到 $\boldsymbol{x}_\mathrm{C}$ 的 ED 差异度，其中 $M \in [0, 1]$，当 $\boldsymbol{x}_n = \boldsymbol{x}_m$ 时 $M_\mathrm{D}(\boldsymbol{x}_n, \boldsymbol{x}_m) = 1$。

　　假设光谱 $\boldsymbol{x}_i$ 与 "理想" 光谱呈线性关系，用 $\boldsymbol{x}_\mathrm{C}$ 作为 "理想" 光谱对光谱最小二乘拟合，得到：

$$\tilde{\boldsymbol{x}}_i = b_{1,i}\boldsymbol{x}_\mathrm{C} + b_{0,i} \tag{3-9}$$

使得

$$Q_i = \min[(\boldsymbol{x}_i - \tilde{\boldsymbol{x}}_i)^2] \tag{3-10}$$

即

$$\frac{\partial Q_i}{\partial b_{r,i}} = 0, \quad r = 0, 1 \tag{3-11}$$

由式 (3-9)～ 式 (3-11) 可确定回归系数 $b_{r,i}$，并按式 (3-5) 计算 $\boldsymbol{x}_i$ 与 $\tilde{\boldsymbol{x}}_i$ 的 RM：

$$M_\mathrm{R}(\boldsymbol{x}_i, \tilde{\boldsymbol{x}}_i) = M_\mathrm{CS}(\boldsymbol{x}_i, \tilde{\boldsymbol{x}}_i) \times M_\mathrm{ED}(\boldsymbol{x}_i, \tilde{\boldsymbol{x}}_i)$$

$M_\mathrm{R}(\boldsymbol{x}_i, \tilde{\boldsymbol{x}}_i) \in (0, 1)$，$M_\mathrm{R}(\boldsymbol{x}_i, \tilde{\boldsymbol{x}}_i)$ 越大则代表 $\boldsymbol{x}_i$ 与 $\tilde{\boldsymbol{x}}_i$ 的拟合度越高，即 $\boldsymbol{x}_i$ 与 $\boldsymbol{x}_\mathrm{C}$ 的特征属性间具有良好的相关关系。

3.3.2 争议样本的判别过程

由于光谱与 x_C 之间保持着近似线性关系而不是完美的线性关系，为了提高线性描述的准确性和可信度，将全光谱区间划分为 4 个区域：1 区波数范围为 $10001.030 \sim 8427.399\ \mathrm{cm}^{-1}$(409 个波长点)、2 区波数范围为 $8423.542 \sim 6884.626\ \mathrm{cm}^{-1}$(400 个波长点)、3 区波数范围为 $6880.769 \sim 5341.853\ \mathrm{cm}^{-1}$(400 个波长点)、4 区波数范围为 $5337.996 \sim 3799.079\ \mathrm{cm}^{-1}$(400 个波长点)，如图 3-16 所示。

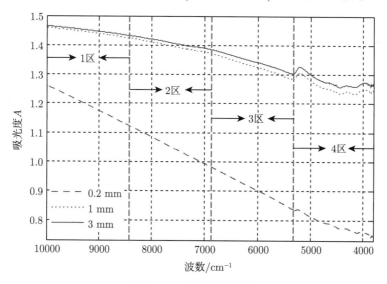

图 3-16　光谱区间划分

并行最小二乘回归估计 (parallel least square regression estimation，P-LSRE) 方法的核心是同时对光谱的局部信息利用最小二乘估计求其回归系数，根据"理想"光谱拟合原光谱，计算各区间的相关性测度 M_R 并将该信息进行融合，综合全面地描述 x_i 与 $\tilde{x}_i$ 的拟合度，以及与 x_C 特征属性的相关性，正常光谱的 M_R 无限逼近于 1，争议样本则相反。

基于 P-LSRE 方法的争议样本判别过程如下。

输入：光谱数据集 $\boldsymbol{X}_{l \times p} = [\boldsymbol{x}_1, \boldsymbol{x}_2, \cdots, \boldsymbol{x}_l]$，第 i 组光谱数据 $\boldsymbol{x}_i = [x_{i,1}, x_{i,2}, \cdots, x_{i,p}]$ $(\boldsymbol{x}_i \in \boldsymbol{X}_{l \times p}, i = 1, 2, \cdots, l, p = 1609)$。

步骤 1：将原光谱划分成 4 个子区间，$p = p_1 + p_2 + p_3 + p_4 = 409 + 3 \times 400$，即光谱 $\boldsymbol{x}_i^k(p_k) \in \boldsymbol{x}_i$，$k = 1, 2, 3, 4$；

步骤 2：计算"理想"(中心) 光谱 $\boldsymbol{x}_C^k = \dfrac{1}{l} \sum\limits_{i=1}^{l} \boldsymbol{x}_i^k$；

步骤 3：利用最小二乘回归估计法求 $\tilde{\boldsymbol{x}}_i^k = b_{1,i}^k \boldsymbol{x}_C^k + b_{0,i}^k$ 的回归系数 $b_{r,i}^k$；

步骤 4：计算拟合光谱 $\tilde{x}_i^k$ 及其与 x_i^k 的相关性测度 $M_{\mathrm{R},i}^k$；

步骤 5：信息融合 $M_{\mathrm{R},i} = \dfrac{1}{4}\sum\limits_{k=1}^{4} M_{\mathrm{R},i}^k$，如果 $M_{\mathrm{R},i} < \gamma$ 则 x_i 为正常样本，否则为争议样本。

3.3.3　结果与讨论

经迭代裁剪法剔除异常光谱后，0.2 mm 粒度等级的建模样本由 146 组变为 143 组，1 mm 粒度等级的建模样本由 146 组变为 144 组，3 mm 粒度等级的建模样本由 146 组变为 144 组。

在基于 P-LSRE 方法的争议样本判别中，利用原光谱 x_i 与拟合光谱 $\tilde{x}_i$ 的相关性测度 $M_{\mathrm{R},i}$ 标定样本的属性 (正常或争议)，$M_{\mathrm{R},i}$ 趋近于 1 时为正常样本，反之为争议样本，因此其临界点 γ 值的选取决定了该方法的准确性和有效性。不同粒度等级的光谱数据集中争议样本数与 γ 的关系如图 3-17 所示，争议样本数随着 γ 的减小而减少。

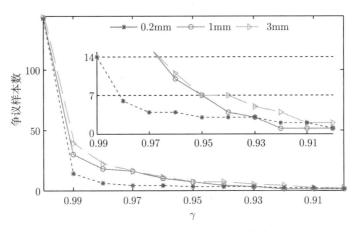

图 3-17　争议样本数与 γ 的关系

当 $\gamma=1$ 时所有光谱均为争议样本；当 $\gamma=0.9$ 时建模数据中几乎无争议样本；这两种情况显然不可信，恰当的 γ 是准确判断争议样本的基础，实验制定了 γ 取值的两条原则：①通常光谱采集的准确度 $\geqslant 90\%$，即建模样本中争议样本的比例 $< 10\%$；②争议样本的特点是数量极少且分散度较大，在一定的标定范围内争议样本的数量变化较慢，若变化幅度较大则该区为正常样本，即在总样本数 10% 的范围内求 $\max|(\Delta$ 争议样本数$)/(\Delta\gamma)|$。

参照上述规则与图 3-17 可知，0.2 mm 粒度等级建模样本的标定位置为 (0.98,6)，$\gamma = 0.98$，争议样本数为 6，其编号为 92、96、109、124、130 和 131，如图 3-18

所示；1 mm 粒度等级的标定点为 (0.95,7)，$\gamma = 0.95$，争议样本数为 7，其编号为 14、44、50、53、83、122 和 125，如图 3-19 所示；3 mm 粒度等级的标定点为

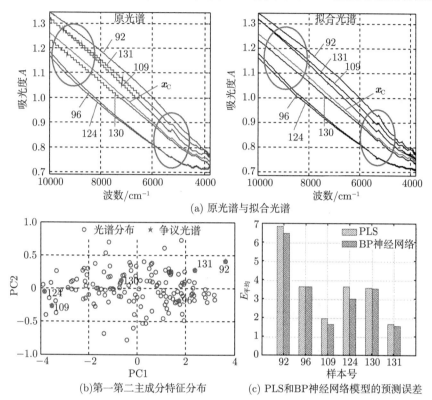

(a) 原光谱与拟合光谱

(b) 第一第二主成分特征分布　　(c) PLS 和 BP 神经网络模型的预测误差

图 3-18　光谱数据集中的争议样本：0.2 mm 粒度等级

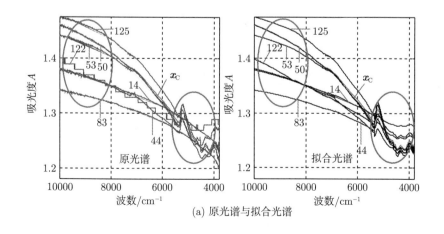

(a) 原光谱与拟合光谱

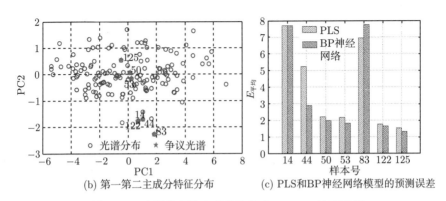

(b) 第一第二主成分特征分布　　　　　(c) PLS和BP神经网络模型的预测误差

图 3-19　光谱数据集中的争议样本：1 mm 粒度等级

$(0.95, 7)$，$\gamma = 0.95$，争议样本数为 7，其编号为 14、28、50、64、83、107 和 117，如图 3-20 所示。

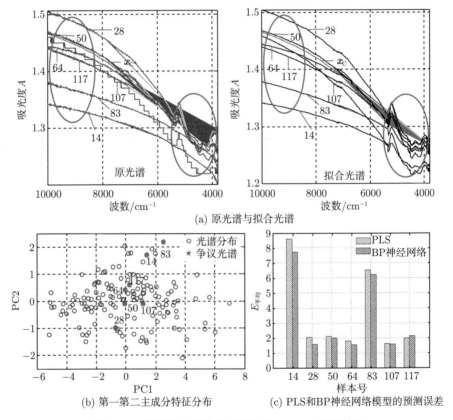

(a) 原光谱与拟合光谱

(b) 第一第二主成分特征分布　　　　　(c) PLS和BP神经网络模型的预测误差

图 3-20　光谱数据集中的争议样本：3 mm 粒度等级

由图 3-18～ 图 3-20 可知，P-LSRE 方法可判断的争议样本主要有以下 3 种。

(1) 无明显特征谱峰光谱: 煤组成成分的多样性和复杂性, 使得特征谱峰叠加严重, 在第 1~3 区吸光度与波数呈近似线性变化, 仅在第 4 区出现较为明显的谱峰。受装样条件 (压样) 的影响, 煤样的松紧度发生改变, 导致吸光度发生非均匀变化, 高信息量的谱峰被弱化。例如, 0.2 mm 粒度等级建模样本集的第 92 组、96 组等样本、1 mm 和 3 mm 粒度等级的第 14 组、83 组等样本, 该类型的争议样本经 PLS 和 BP 神经网络模型学习, 得到的分析结果精度最低, 对建模造成的负面影响最大。

(2) 低信噪比光谱: 煤样光谱采集时, 易受仪器环境的噪声影响和煤样本身的散射干扰, 降低了携带煤样信息的光谱数据的信噪比。当噪声干扰过大时, 光谱不能够准确地描述煤样的组成和结构。例如, 1 mm 粒度等级建模样本集的第 44 组、50 组等样本、3 mm 粒度等级的第 28 组、50 组等样本, 该类型的争议样本经 PLS 和 BP 神经网络模型学习, 得到的分析结果精度较低, 对建模的影响较大。

(3) 低分辨率光谱: 分辨率是对相邻谱峰间可分辨的最小波数间隔, 影响了光谱的质量。当特征谱峰较窄时较低的分辨率不能精确地对其进行描述, 但可大致跟随谱峰走势。例如, 0.2 mm 粒度等级建模样本集的第 109 组、131 组等样本、1 mm 粒度等级的第 122 组等样本、3 mm 粒度等级的第 107 组等样本, 该类型的争议样本经 PLS 和 BP 神经网络模型学习得到的分析结果误差略低, 对建模略有些负影响。

3.4 本章小结

为了提高建模数据的质量, 本章主要分析煤样各指标与光谱"一对多"的关系, 并检测建模数据中的异常和争议样本。

(1) 煤粒度的不同造成近红外光散射作用、吸光度与噪声干扰的差异, 这使光谱的质量 (信噪比) 发生改变, 通过利用 CV-PLS 和 PCA-BP 神经网络建模分析可知, 在无任何数据预处理的情况下光谱与各指标真实值的相关性: 0.2 mm>1 mm>3 mm>13 mm, 其中 13 mm 粒度等级的煤样光谱噪声干扰信息过多, 已不能准确描述煤样组成与结构的信息。

(2) 给出了基于距离测定的异常样本剔除, 包括基于欧氏与马氏距离的迭代裁剪及 K 均值聚类法改进留一交叉验证法。通过分析异常样本剔除前后 BP 神经网络和 PLS 模型输出可知, 各组分模型的预测精度升高 (误差均小于剔除前), 模型的稳定性增强 (均方根误差明显减小)。

(3) 提出了一种基于并行最小二乘回归估计的争议样本判别方法, 将光谱划分为 4 个子区间, 对光谱与"理想"光谱的近似线性关系进行"微分"处理, 利用最小二乘估计方法分别求取各子区间光谱的拟合光谱并计算它们之间的相关性测度,融合各子区间的相关关系以判别光谱的属性。通过对 3 种不同质量光谱数据集的分析可知该方法具有较强的泛化性。

(4) 利用 CV-PLS 和 PCA-GA-BP 神经网络方法从建模分析的角度，详细全面地评估了无明显特征谱峰、低信噪比和低分辨率等状态的争议光谱对建模的负影响，同时也从应用的角度验证了方法的有效性。

从上述分析中可知，剔除异常样本和争议样本后，3 种光谱数据集的样本数据均为 137 组，为了合理、准确地对比各理论与方法的有效性，需规范后续章节的实验仿真数据，对煤样数据集进行统一划分。

(1) 验证集 (待测集)——20 组，优化选择后的数据集中，随机抽取 20 组同一煤样 0.2 mm、1 mm 与 3 mm 粒度等级的光谱数据，及其各指标的真实值，仅在本书第 6 章中出现，对本章之后所提出的各理论与方法有效性进行最终验证和总结。

(2) 其余 117 组建模数据分为两部分，即训练集 100 组、校正集 17 组，在本书第 4~6 章中出现，用于参与模型的训练学习、性能评估及相关参数的优化选取等。

煤样光谱数据除了携带自身组成与结构"感兴趣"的信息，还包含噪声干扰和冗余信息。优化参与建模的样本数据后，第 4 章将给出光谱数据恢复去噪的理论与方法，消除光谱中的噪声干扰信息，以进一步提高建模数据的准确度；第 5 章将给出光谱数据压缩筛选的理论与方法，剔除冗余信息以降低后续建模学习的空间复杂度。

第4章　煤炭光谱数据的恢复去噪

在 NIRSA 采集煤样光谱时，易受各种客观因素的影响：测量仪器，如参数设置、仪器振动等；煤样状态，如颗粒大小、样品密度等；周围环境，如杂散光、电噪声、温度等，因而光谱中除了携带煤样自身信息，还夹杂了一些无关信息 (样本背景等) 和噪声干扰，大幅降低了光谱的质量。实际采集的煤样光谱中主要存在随机噪声含量高、"感兴趣"信息不突出以及散射干扰多等问题，对煤样组成与结构信息的表达准确度大打折扣，降低了光谱与各指标真实值间的相关性，从而影响了煤质近红外光谱分析模型的学习精度。因此，本章主要针对光谱中常见的几种噪声干扰，研究光谱数据的恢复处理，包括随机噪声的消除、光谱"感兴趣"特征信息的增强以及散射干扰的削弱，以获得高信噪比的光谱数据，从而保证后续建模分析准确有效地进行。

4.1　常用的光谱恢复方法

在近红外光谱分析模型中，常用于光谱恢复的方法有：增强光谱间差异的数据变换方法、凸显特征谱峰的光谱求导方法、消除随机噪声的平滑方法，以及减少散射干扰的多元散射校正方法等 [37,78,104]。

4.1.1　理论基础

光谱数据集 $\boldsymbol{X}_{l\times p}$ 中第 i 组光谱 $\boldsymbol{x}_i = [x_{i,1}, x_{i,2}, \cdots, x_{i,p}]$，中心（"理想"）光谱 $\bar{\boldsymbol{x}} = [\bar{x}_1, \bar{x}_2, \cdots, \bar{x}_p]$ 的计算如下：

$$\bar{x}_j = \frac{1}{l}\sum_{i=1}^{l} x_{i,j}, \quad j = 1, 2, \cdots, p \tag{4-1}$$

其中，$x_{i,j} \in \boldsymbol{x}_i$ 为第 i 组光谱在波长点 w_j 处的吸光度值；$\bar{x}_j \in \bar{\boldsymbol{x}}$ 为光谱集在波长点 w_j 处的吸光度均值；l 为样本数；p 为光谱的特征维数。

数据增强变换通过对光谱数据集矩阵的归一化处理，规范光谱幅值 (吸光度 A) 的变化域，增加光谱间的差异，消除携带煤样信息量较低的多余信息，强化光谱的个体信息，常用的方法如下。

(1) 均值中心化 (mean centralization, MC)。利用中心光谱 $\bar{\boldsymbol{x}}$ 对光谱 $\boldsymbol{x}_i$ 进行归一化处理，公式如下：

$$\tilde{\boldsymbol{x}}_i = \boldsymbol{x}_i - \bar{\boldsymbol{x}} \tag{4-2}$$

(2) 标准化 (normalization，Nor)。利用平均光谱 $\bar{x}$ 及其标准偏差对光谱 x_i 进行归一化，公式如下：

$$\tilde{x}_i = \frac{x_i - \bar{x}}{\sqrt{\frac{1}{p}\sum_{j=1}^{p}(x_{i,j} - \bar{x}_j)}} \tag{4-3}$$

一阶、二阶导数 (first/second order derivative，1st/2nd OD) 法通过对光谱数据的微分实现光谱特征谱峰的放大操作，消除谱峰重叠的影响及基线漂移与样品背景的干扰。

假设第 i 组光谱在波长点 w_j 处的 $x_{i,j}$ 与波长点 w_j 的关系式为 $x_{i,j} = f(w_j)$，该处的 1st/2nd OD 分别为

$$f'(w_j) = f(w_{j+1}) - f(w_j)$$

$$f''(w_j) = f'(w_{j+1}) - f'(w_j) \tag{4-4}$$

由于相邻波长点的间隔 $\Delta w_j = w_{j+1} - w_j$，其距离大小取决于 NIRSA 的分辨率设置，均为 4 cm^{-1}，可知 $\Delta w = \Delta w_j$ 为常数 (等间隔)，其 1st/2nd OD 用直接差分法计算如下：

$$f'(w_j) = \frac{\mathrm{d}x_{i,j}}{\mathrm{d}w_j} = \frac{x_{i,j+1} - x_{i,j}}{\Delta w}$$

$$f''(w_j) = \frac{\mathrm{d}x'_{i,j}}{\mathrm{d}w_j} = \frac{x_{i,j+1} - 2x_{i,j} + x_{i,j-1}}{\Delta w^2} \tag{4-5}$$

其中，1st OD 为光谱曲线 w_j 处的斜率 (切线)，描述了相邻波长点吸光度 A 的变化率；2nd OD 描述了光谱曲线的凸凹性，即弯曲方向与弯曲程度。

平滑处理方法的基本思想是利用一定波长点宽度的窗口对光谱的各点进行"平均""拟合"等运算，消除光谱中的随机噪声[78,84]。移动窗口平均平滑 (smoothing by moving window average，S-MWA) 法[33] 取宽度为 $(2 \times r + 1)$ 的窗口，以第 j 个波长点 w_j 为中心截取 $[w_{j-r}, w_{j+r}]$ 区间的光谱数据点，第 i 组光谱 x_i 的窗口数据点为 $\hat{x}_{i,j} = [x_{i,j-r}, \cdots, x_{i,j}, \cdots, x_{i,j+r}]$，求窗口中心点 $\hat{x}_{i,j}$：

$$\hat{x}_{i,j} = \hat{x}_{i,j} * \boldsymbol{S}_j = \sum_{k=-r}^{r}[\hat{x}_{i,j+k} \times \frac{s_{j,k}}{\mathrm{sum}(\boldsymbol{S}_j)}] \tag{4-6}$$

其中，r 为 $\in [1, p]$ 的整数；$\boldsymbol{S}_j = [s_{j,-r}, \cdots, s_{j,0}, \cdots, s_{j,r}]$ 为线性平滑算子。窗口平均法是线性平滑方法的一种特例，即 $s_{j,k} = 1$。

多元散射校正 (multiple scatter correction，MSC)[105,106] 的基本思想：假设每组煤样光谱是"理想"光谱的线性回归运算，利用最小二乘回归估计 (LSRE) 方法

求取各光谱的线性平移量 b_i 与倾斜偏移量 m_i，并对原光谱进行修正，可有效消除散射影响。假设光谱 $\boldsymbol{x}_i$ 与"理想"光谱 $\bar{\boldsymbol{x}}$ 保持近似线性关系，即

$$\boldsymbol{x}_i = m_i \bar{\boldsymbol{x}} + b_i \tag{4-7}$$

根据 LSRE 方法，求 $\boldsymbol{Q} = [(m_i \bar{\boldsymbol{x}} + b_i) - \boldsymbol{x}_i]^2$ 最小时的回归系数 m_i 与 b_i，即求方程组 $\partial \boldsymbol{Q} / \partial m_i = 0$、$\partial \boldsymbol{Q} / \partial b_i = 0$ 的解。利用线性平移量 b_i 与倾斜偏移量 m_i(回归系数) 对光谱进行散射校正，计算公式如下：

$$\tilde{\boldsymbol{x}}_i = (\boldsymbol{x}_i - b_i) / m_i \tag{4-8}$$

4.1.2　结果与讨论

　　基于均值中心化 (MC) 和标准化 (Nor) 方法的光谱数据增强变换改变了原光谱数据集空间的坐标，其原点由 0 变为中心光谱 $\bar{\boldsymbol{x}}$，使得光谱间的变化差异一目了然。从 0.2 mm、1 mm 和 3 mm 3 个粒度等级光谱数据集中随机抽取 3 组煤样光谱，经 MC 和 Nor 方法处理后，新光谱间的差异明显增大，但与此同时原光谱中的噪声也被放大，如图 4-1 所示。

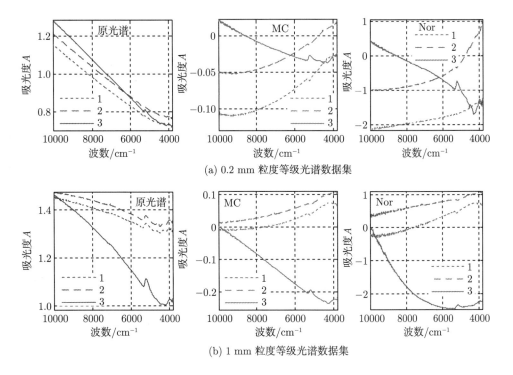

(a) 0.2 mm 粒度等级光谱数据集

(b) 1 mm 粒度等级光谱数据集

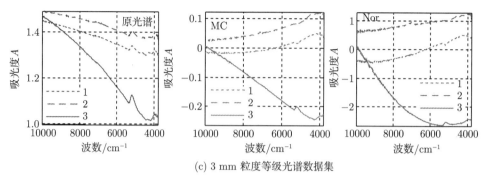

(c) 3 mm 粒度等级光谱数据集

图 4-1　光谱数据的增强变换：MC 与 Nor 方法

　　基于直接差分法的光谱一阶、二阶导数 (1st/2nd OD) 描述了相邻波长点的吸光度 A 变化，以较高的分辨率将重叠的谱峰凸现出来，消除光谱中的基线位移与漂移及样本背景等无关信息。从 0.2mm、1mm 和 3mm 3 个粒度等级光谱数据集中抽取 1 组煤样光谱，求其 1st/2nd OD，如图 4-2 所示。由于光谱中常伴随着随机噪声导致吸光度 A 出现高频的小幅波动，与重叠的谱峰无显著区别，因此，特征谱峰与噪声被同时放大，降低了光谱的信噪比。

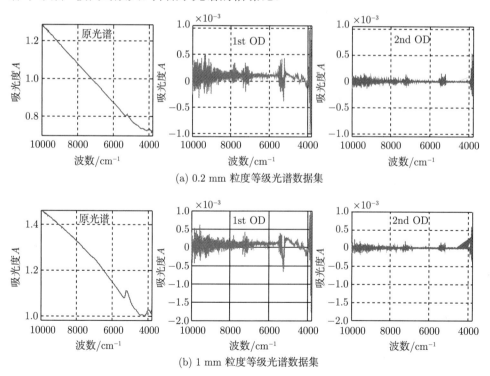

(a) 0.2 mm 粒度等级光谱数据集

(b) 1 mm 粒度等级光谱数据集

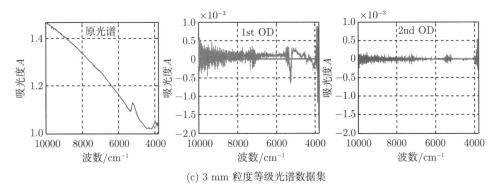

(c) 3 mm 粒度等级光谱数据集

图 4-2 光谱的 1st/2nd OD 处理: 直接差分法

基于移动窗口平均平滑 (S-MWA) 方法的光谱平滑处理, 多次对窗口内光谱的中心点进行加权平均, 有效消除了均值近似为 0 的随机噪声。从 0.2 mm、1 mm 和 3 mm 3 个粒度等级光谱数据集中随机抽取 1 组煤样光谱, 利用 S-MWA 方法对其进行平滑处理, 设置窗口宽度 $r = 30$, 如图 4-3 所示。

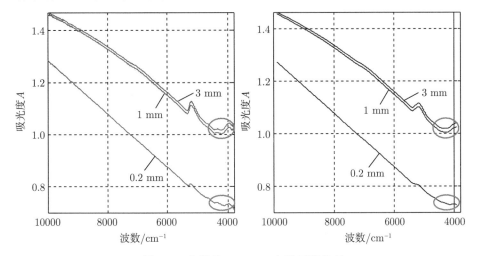

图 4-3 光谱的 S-MWA 方法平滑处理

与 1st/2nd OD 处理效果相反, 该方法在平滑去噪时损失了重叠特征谱峰的信息量, 造成了光谱的失真: 在特征谱峰比较稀疏的谱区, 如 10000~6000 cm^{-1}, 光谱弯曲方向与程度变化缓慢, 特征谱峰与随机噪声区别明显, 平滑处理后的光谱与真实光谱具有较高的近似性; 在特征谱峰重叠比较严重的谱区, 如 6000~4000 cm^{-1}, 光谱弯曲方向与程度变化较快, 特征谱峰与随机噪声的相似度较高、难以区别, 平滑处理后丢失了部分有用的特征谱峰信息, 与真实光谱的偏差较大。

基于多元散射校正 (MSC) 方法的光谱校正处理, 采用斜率和截距描述了原光谱与"理想"光谱的近似线性关系,消除由煤样颗粒大小不同以及分布不均匀造成的散射干扰。0.2 mm、1 mm 和 3 mm 3 个粒度等级光谱数据集的校正光谱如图 4-4 所示,经 MSC 方法处理后,消除了 NIR 的散射干扰,光谱的特征谱峰被强化,也在一定程度上削弱了随机噪声 (但不具有针对性),提高了光谱的信噪比。

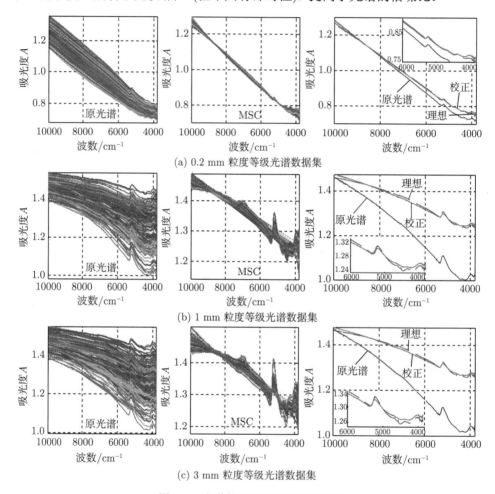

图 4-4　光谱的 MSC 方法校正处理

合理的光谱恢复方法可有效地减少煤样光谱采集过程中因煤样状态、仪器设备及实验环境等外界因素造成的干扰影响,提高光谱的准确度和可信度,为建立稳健的煤质近红外光谱分析模型做好铺垫。通过分析对比基于 MC 和 Nor 方法的光谱数据增强变换,由基于直接差分法的 1st/2nd OD,基于 S-MWA 方法的平滑处理,以及基于 MSC 方法的校正处理几种常用的光谱恢复方法可知:

(1) MC、Nor 和 1st/2nd OD 方法最主要的缺陷是在增强光谱间差异与自身特征信息的同时放大了光谱中的随机噪声, 光谱的信噪比不能得到大幅度的提高, 方法的收效甚微, 因此, 利用上述方法处理光谱前必须先消除随机噪声。

(2) 由于随机噪声与重叠的特征谱峰难以区分, 在利用 1st/2nd OD 方法增强特征谱峰的信息量时, 随机噪声被放大, 利用 S-MWA 方法平滑光谱中的随机噪声时不显著的特征谱峰被忽略导致光谱失真, 对光谱真实特征的还原效果较差。

(3) MSC 方法用于消除散射干扰, 是在光谱满足假设条件光谱与"理想"光谱呈线性关系的基础上推出的, 然而光谱的幅值 (吸光度 A) 与 K/S 是近似线性的递增关系 (图 3-2), 在实际的采集过程中各光谱并不能保持良好线性关系, 方法具有一定的局限性。此外, 在校正光谱时, 上述方法强制性地使其特征盲目追随"理想"光谱, 削弱了光谱自身的特征, 造成光谱的失真。因此, MSC 方法的光谱校正效果和适用性有待改进。由于方法对随机噪声的处理不具有针对性, 降噪效果不明显, 需对光谱进行进一步的平滑处理。

综上所述, 本章将综合各方法的优势, 提出合理有效的适用于煤质近红外光谱分析模型的光谱恢复方法。

4.2 基于拟线性局部加权法的光谱散射校正

传统的 MSC 方法可消除由煤样状态引起的散射干扰 [107], 较好地实现了光谱的恢复, 但主要存在如下两个缺陷: 以线性表达式描述非线性关系的局限性, 以及盲目追随"理想"光谱而导致的失真问题。为此, 利用拟线性曲线 (函数) 的变换和引入核函数的局部加权估计对其进行完善改进, 提出了一种基于拟线性局部加权散射校正的光谱恢复方法。

4.2.1 理论基础

煤样对 NIR 的吸光度 A 值取决于吸光系数 K 与散射系数 S, 反映了煤样各吸收基团的含量与状态 (颗粒、分布等)[37]。为了使光谱中只携带煤样成分含量的相关信息, 必须统一装样条件 (S 相同), 如颗粒大小、分布等。但在煤样光谱的采集过程中该条件是无法实现的, 仅可从实际操作和后期数据建模处理两方面着手, 以减少 S 的扰动幅度。在实验操作方面, 煤样的选取制备均按照国家相关标准严格执行, 并用 NIRSA 对同一煤样扫描 64 次求平均; 同时, 在建模处理方面, 利用 MSC 方法以 S 恒定的"理想"光谱 $\bar{x}$ 为基准对各光谱进行校正。

根据漫反射 Kubelka-Munk 方程 [37,78], 以 K/S 为变量, 求 3 种光谱数据集下 $A_\mathrm{C} = \max(\bar{x})$ 与 $A_\mathrm{C} = \min(\bar{x})$ 时方程的解 $(K/S)_{\max}$ 与 $(K/S)_{\min}$, 公式如下:

$$A_\mathrm{C} = -\log\left\{1 + \frac{K}{S} - \left[\left(\frac{K}{S}\right)^2 + 2\left(\frac{K}{S}\right)\right]^{1/2}\right\} \tag{4-9}$$

可得"理想"光谱在吸光度 A 与 K/S 的关系曲线中的变化范围，如表 4-1 所示。

表 4-1　各"理想"光谱吸光度 A 与 K/S 的范围

项目	0.2 mm		1 mm		3 mm	
	K/S	A	K/S	A	K/S	A
min	1.8688	0.7449	7.4431	1.2260	8.2840	1.2675
max	8.1553	1.2614	13.4807	1.4613	13.5775	1.4642

在各"理想"光谱所属的范围内，用经过其最大、最小坐标点的线性方程拟合关系曲线，公式如下：

$$\tilde{A}_{\mathrm{C}} = m(K/S) + b \tag{4-10}$$

其中，斜率 $m = \dfrac{\max(\bar{x}) - \min(\bar{x})}{(K/S)_{\max} - (K/S)_{\min}}$。

线性拟合的结果如图 4-5 所示，3 种光谱数据集中 3 mm 粒度等级的拟合效果最好、0.2 mm 粒度等级的最差。从图中可知关系曲线的弯曲度随着吸光度 A 值的增大而减小，线性拟合的相关性也随着增强，在一定范围内，用线性方程代替 Kubelka-Munk 方程的方法是可行的。当光谱的吸光度 A 值较大且变化幅度较小时，传统的 MSC 方法利用线性关系描述光谱间近似线性关系的处理方式是合理的，当光谱不满足上述特定条件时，方法的准确性和有效性都有待考证。

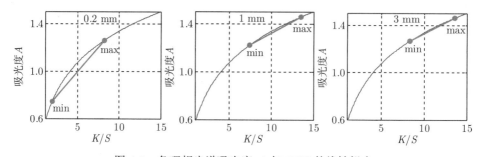

图 4-5　各理想光谱吸光度 A 与 K/S 的线性拟合

4.2.2　拟线性曲线与局部加权函数的选取

为了更加精确地描述光谱间的关系，增强散射校正方法的可靠性与有效性，提出了一种改进多元散射校正方法 (improved multiple scatter correction，IMSC)，该方法在传统 MSC 方法的基础上选取合理的非线性函数代替线性函数。常用于描述拟线性曲线的函数 [81] 有如下几种：

(1) 线性曲线 (linear curve，LC) 的函数表达式为 $\boldsymbol{x}_i = f(\bar{\boldsymbol{x}}) = b_i + m_i \bar{\boldsymbol{x}}$；

(2) 二次曲线 (quadratic curve，QC) 为 $\boldsymbol{x}_i = f(\bar{\boldsymbol{x}}) = b_i + m_{1,i} \bar{\boldsymbol{x}} + m_{2,i} \bar{\boldsymbol{x}}^2$；

(3) 三次曲线 (cubic curve，CC) 为 $\boldsymbol{x}_i = f(\bar{\boldsymbol{x}}) = b_i + m_{1,i} \bar{\boldsymbol{x}} + m_{2,i} \bar{\boldsymbol{x}}^2 + m_{3,i} \bar{\boldsymbol{x}}^3$；

(4) 增长曲线 (growth curve, GC) 为 $\boldsymbol{x}_i = f(\bar{\boldsymbol{x}}) = \exp(b_i + m_i\bar{\boldsymbol{x}})$。

根据 LSRE 方法, 先求 $\boldsymbol{Q} = \|f(\bar{\boldsymbol{x}}) - \boldsymbol{x}_i\|$ 最小时的回归系数 m_i 与 b_i, 求解方程

$$\partial \boldsymbol{Q}/\partial m_i = \partial \left\{ \sum_{j=1}^{p} [f(\bar{x}_j) - x_{i,j}]^2 \right\} \bigg/ \partial m_i = 0 \tag{4-11}$$

$$\partial \boldsymbol{Q}/\partial b_i = \partial \left\{ \sum_{j=1}^{p} [f(\bar{x}_j) - x_{i,j}]^2 \right\} \bigg/ \partial b_i = 0 \tag{4-12}$$

然后利用线性平移量 b_i 与倾斜偏移量 m_i(回归系数) 对光谱进行散射校正, 即求方程 $\boldsymbol{x}_i = f(\bar{\boldsymbol{x}})$ 的解, 获得最终的校正光谱 $\tilde{\boldsymbol{x}}$。

在散射校正过程中, "理想" 光谱特征变化对待校正光谱的估计值产生最主要影响, 为了防止待校正光谱过度追随而失真, 需利用局部加权函数精化、细化对各波长点处的依赖关系。实验通过在 LSRE 方法的评估函数 $\boldsymbol{Q}$ 中引入核函数 $K(\boldsymbol{\mu})$, 构造局部加权函数, 实现对光谱数据的局部加权校正, 其数学表达形式是式 (4-11) 与式 (4-12) 的扩展, 具体描述如下:

$$\partial \boldsymbol{Q}/\partial m_i = \partial \left\{ \sum_{j=1}^{p} K(\mu_j)[f(\bar{x}_j) - x_{i,j}]^2 \right\} \bigg/ \partial m_i = 0 \tag{4-13}$$

$$\partial \boldsymbol{Q}/\partial b_i = \partial \left\{ \sum_{j=1}^{p} K(\mu_j)[f(\bar{x}_j) - x_{i,j}]^2 \right\} \bigg/ \partial b_i = 0 \tag{4-14}$$

核函数 $K(\boldsymbol{\mu})$ 中 $\boldsymbol{\mu} = [\mu_1, \mu_2, \cdots, \mu_p]$, 其取值主要集中在 $[0,1]$ 的邻域内, 当 $\boldsymbol{\mu} \geqslant 1$ 时 $K(\boldsymbol{\mu})$ 迅速衰减至 0, 常见的核函数 $K(\boldsymbol{\mu})$ 有 [81] 如下几种:

(1) 均值核函数 (mean kernel function, MKF) 定义为 $K(\mu_j) = \begin{cases} 1, & \mu_j \in [0,1] \\ 0, & \mu_j > 1 \end{cases}$;

(2) 高斯核函数 (Gaussian kernel function, GKF) 为 $K(\mu_j) = \dfrac{1}{\sqrt{2\pi}} \exp\left(-\dfrac{\mu_j^2}{2}\right)$;

(3) Epanechnikov 核函数 (Epanechnikov kernel function, EKF) 为

$$K(\mu_j) = \begin{cases} \dfrac{3}{4}(1 - \mu_j^2), & \mu_j \in [0,1] \\ 0, & \mu_j > 1 \end{cases};$$

(4) 二次权重核函数 (secondary weight kernel function, SWKF) 为

$$K(\mu_j) = \begin{cases} \dfrac{15}{16}(1 - \mu_j^2)^2, & \mu_j \in [0,1] \\ 0, & \mu_j > 1 \end{cases};$$

(5) 三次权重核函数 (tertiary weight kernel function，TKF) 为

$$K(\mu_j) = \begin{cases} \dfrac{31}{32}(1 - \mu_j^2)^3, & \mu_j \in [0, 1] \\ 0, & \mu_j > 1 \end{cases} \quad 。$$

在光谱的散射校正方法中引入加权核函数是为了更精确地恢复不同波长点处的吸收特征，因此定义

$$\mu_j = \frac{w_j - w_0}{h_p}, \quad \mu_j \in \boldsymbol{\mu} \tag{4-15}$$

其中，h_p 是大于 0 的常数，其值的选择对估计质量具有重要的影响，若 h_p 较小，核估计的随机性影响增大，不能很好地跟随 "理想" 光谱的特征变化；若 h_p 较大，原光谱自身的细致特征被均化，造成校正光谱的失真。实验选取 $h_p = p \times \Delta w$，并代入式 (4-15)。

以上计算公式中，$\boldsymbol{x}_i = [x_{i,1}, x_{i,2}, \cdots, x_{i,p}]$ 为第 i 组光谱数据，$\bar{\boldsymbol{x}} = [\bar{x}_1, \bar{x}_2, \cdots, \bar{x}_p]$ 为 "理想" 光谱；w_j 为第 j 处波长点值，w_0 为第 0 处 (起始) 波长点值，Δw 为相邻波长点的间距；$i = 1, 2, \cdots, l$，$j = 1, 2, \cdots, p$；l 为样本数，p 为光谱特征维数。

4.2.3　结果与讨论

为了确定最优的数学表达方法，以平衡对 "理想" 光谱的合理跟随与自身特征的准确保持，分别利用线性曲线 (LC)、二次曲线 (QC)、三次曲线 (CC) 和增长曲线 (GC)4 种曲线函数描述原光谱与 "理想" 光谱之间的拟线性关系；通过引入均值核函数 (MKF)、高斯核函数 (GKF)、Epanechnikov 核函数 (EKF)、二次权重核函数 (SWKF) 和三次权重核函数 (TKF)5 种局部加权函数，细致地估计光谱全区间内对 "理想" 光谱的跟随状态。因此，数学表达式的搜索空间为 4×5+1(光谱无任何处理)，以已构建好的 CV-PLS 和 PCA-GA-BP 神经网络模型为统一的测试平台，寻找曲线描述与局部加权函数的最优组合。

为了方便比较，计算光谱数据集在无任何处理下，煤样各项指标的真实值与预测值间绝对误差 E_A 的均值 E_{ave}，以此为基线比较曲线描述与局部加权函数，在不同组合下 $E_{\text{ave}}(f, K)$ 值的大小，即 $\Delta E_{\text{ave}} = E_{\text{ave}} - E_{\text{ave}}(f, K)$，其值最大时对应的函数组合为最优状态，如图 4-6 所示。

各曲线函数的校正效果如图 4-7 所示，纵坐标为 3 种光谱数据集校正后平均光谱 $\bar{\boldsymbol{x}}'$ 与原平均光谱 $\bar{\boldsymbol{x}}$ 间的绝对差 $|\bar{\boldsymbol{x}}' - \bar{\boldsymbol{x}}|$(吸光度 A 的绝对差值)。

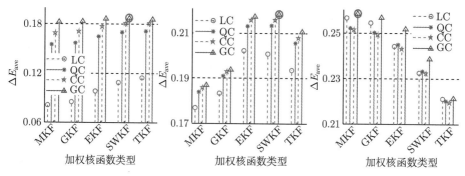

图 4-6 不同函数组合的对比分析

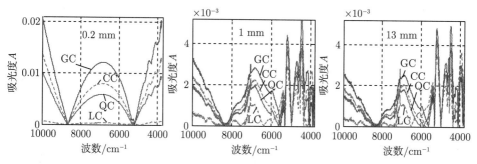

图 4-7 校正光谱与"理想"光谱间的差值

通过分析对比可知:

(1) 随着煤样粒度的增大, 光谱受到的散射干扰增多, 因而, 校正后光谱的准确度提高的幅度增大。

(2) 对于不同的光谱数据集而言, GC 对原光谱与"理想"光谱间关系的描述最为准确。由图 4-7 可知, 线性曲线校正后的光谱与"理想"光谱的差值最小, 跟随最为紧密, 光谱失真较为严重; 而 GC 在利用"理想"光谱实现散射校正的同时, 较好地保留了自身的特征信息, 校正后光谱的质量最高。

(3) 线性函数描述的准确度随着粒度的增大而增高, 在 3 mm 粒度等级光谱数据集中其准确度高于 QC、CC 两种曲线函数。这是因为随着粒度的增大, 吸光度 A 的值增大, 从 4.2.1 节的分析中可知, 0.2 mm 粒度等级光谱数据集的吸光度 A 弯曲度变化最大, 3 mm 粒度等级时几乎趋近于直线, 可用线性函数予以描述。

(4) 各光谱数据集的最优函数组合分别是: 0.2 mm——GC 与 SWKF、1 mm——GC 与 SWKF、3 mm——GC 与 MKF。

曲线描述与局部加权函数在最优的组合状态下, 改进多元散射校正 (IMSC) 法对各光谱数据集的校正效果如图 4-8 所示。通过分析无任何处理的原始光谱、MSC 处理的光谱以及 IMSC 处理的光谱对 CV-PLS 模型和 PCA-GA-BP 神经网络模型准确度的影响，以验证所用校正方法的有效性，分析结果如图 4-9 和表 4-2 所示。

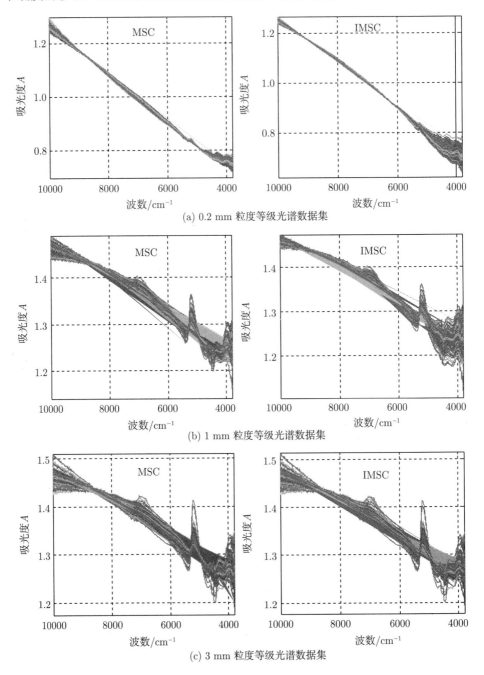

(a) 0.2 mm 粒度等级光谱数据集

(b) 1 mm 粒度等级光谱数据集

(c) 3 mm 粒度等级光谱数据集

图 4-8　光谱的 IMSC 法校正处理

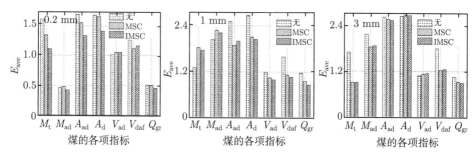

图 4-9 不同校正方式下各指标 E_{ave}

表 4-2 不同散射校正方式的分析结果

参数均值	0.2 mm			1 mm			3 mm		
	无	MSC	IMSC	无	MSC	IMSC	无	MSC	IMSC
E_{ave}	1.1825	1.1014	0.9951	1.7828	1.6044	1.5628	1.8704	1.6139	1.6118
R	0.8924	0.8947	0.9045	0.7998	0.8502	0.8617	0.7969	0.8162	0.8324
E_{RMS}	1.5327	1.4042	1.2752	2.0371	1.9679	1.8996	2.1070	1.9870	1.9116

从分析结果的总体趋势上看，在 3 种光谱数据集中，光谱经 IMSC 处理后分析模型的性能最佳。相较于无任何处理，其绝对误差 E_A 的平均值 E_{ave} 同比分别下降约 18.83%、14.01%、16.04%，均方根误差 E_{RMS} 的平均值同比分别下降约 20.19%、7.24%、10.22%，相关系数 R 的平均值同比分别增长约 1.36%、7.18%、4.27%；相较于传统 MSC 处理，E_A 的平均值 E_{ave} 同比分别下降约 10.68%、2.66%、0.13%，均方根误差 E_{RMS} 的平均值同比分别下降约 10.12%、3.60%、3.94%，相关系数 R 的平均值同比分别增长约 1.08%、1.33%、1.95%。

综上所述，IMSC 在消除光谱中散射干扰的同时，较为完整地保存了自身的特征信息，有效地提高了光谱的信噪比。但该方法对随机噪声的处理效果不明显，需与平滑处理方法相结合，来进一步实现光谱数据的恢复，使分析模型获得准确、可靠的输入变量 (高质量的光谱)。

4.3 基于粗糙惩罚法的光谱优化平滑模式

受仪器的元件、电子信号等因素的干扰，采集的煤样光谱数据中不可避免地叠加了随机噪声 (误差)。为了提高光谱数据的信噪比，常采用平滑方法对其进行消除，如移动窗口平均法、Savitzky-Golay 卷积法等[84,108]。

4.3.1 理论基础

光谱是离散的观测数据，个体行为与识别度量的控制权较弱，为此将复杂的光谱数据转换为具有函数特征的数据，赋予其函数性，以合理的函数形式解释波长点与吸光度数据的内部结构, 对光谱的各种特征进行统筹表述。对于一组煤样光谱数据 $\boldsymbol{x}_i = [x_{i,1}, x_{i,2}, \cdots, x_{i,p}]$, 建立数学模型, 公式如下:

$$x_{i,j}(w_j) = \tilde{x}_{i,j}(w_j) + \varepsilon_{i,j}(w_j) \tag{4-16}$$

其中, $\tilde{x}_{i,j}(w_j) \in \tilde{x}_i$ 为第 j 个波长点 w_j 处煤样的真实吸光度 A 值, $\varepsilon_{i,j}(w_j) \in \varepsilon_i$ 为噪声干扰, $i = 1, 2, \cdots, l$, $j = 1, 2, \cdots, p$, l 为样本数, p 为光谱的特征维数。

假设 ε_i 为服从零均值的随机白噪声, 那么光谱数据函数化的首要任务就是滤除光谱 $\boldsymbol{x}_i$ 中的 ε_i, 尽可能还原煤样对近红外吸收关系 $\tilde{x}_i$。平滑算法是最常用的一种随机噪声处理方法, 采用 “平均” “拟合” 等运算对选定窗口内的光谱进行修复。运算策略是平滑处理方法的核心, 包括线性方法, 如移动窗口平均平滑 (S-MWA) 方法, 以及非线性方法, 如 Savitzky-Golay 卷积法等。

Savitzky-Golay 卷积平滑 (smoothing by Savitzky-Golay convolution, S-SGC) 方法与 S-MWA 方法区别 [37,78,84] 在于窗口内光谱数据点的函数化方式, 后者采用简单的线性函数, 而 S-SGC 方法则采用非线性的多项式函数匹配待估光谱。S-MWA 方法中的线性平滑算子计算简单、应用较广、运算速度快。但由于光谱在不同谱区 (波长点范围) 内对应的吸光度变化不同, 线性平滑算子对真实光谱 $\tilde{x}_i$ 的评估不够准确、可靠, 在去噪时均化了重叠密度较高的特征谱峰, 导致光谱中大量的有用信息被滤除。

S-SGC 方法选取多项式函数作为基函数, 用相对较少的变量获得对真实光谱极好的近似, 利用 LSRE 方法, 以与原光谱的偏差为评价函数, 计算平滑系数, 准确地还原真实光谱。该方法中光谱窗口的选定同 S-MWA 方法, 以波长点 w_j 为中心截取 $[w_{j-r}, w_{j+r}]$ 区间内的光谱数据点 $\boldsymbol{x}_{i,j} = [x_{i,j-r}, \cdots, x_{i,j}, \cdots, x_{i,j+r}]$。

定义多项式基函数是 $n+1$ 项中心波长点间隔 $\Delta w_{j+t}(t \in [-r, r])$ 的幂的多项式组合, 形式如下:

$$\tilde{x}_{i,j+t} = \sum_{k=0}^{n} [\boldsymbol{\alpha}_{i,nk} \times \phi(\Delta w_{j+t}, k)] = \sum_{k=0}^{n} (\boldsymbol{\alpha}_{i,nk} \times \Delta w_{j+t}^k)$$

$$= \boldsymbol{\phi}'_{i,j+t} \boldsymbol{a}_{i,j} = \boldsymbol{a}'_{i,j} \boldsymbol{\phi}_{i,j+t} \tag{4-17}$$

用窗口内的光谱数据点 $\boldsymbol{x}_{i,j}$ 计算拟合光谱 $\tilde{\boldsymbol{x}}_{i,j} = [\tilde{x}_{i,j-r}, \cdots, \tilde{x}_{i,j}, \cdots, \tilde{x}_{i,j+r}]$ 的多项系数, 以误差平方和作为拟合度的评价函数, 公式如下:

$$Q_{i,j} = (\boldsymbol{x}_{i,j} - \tilde{\boldsymbol{x}}_{i,j})^2 = \sum_{t=-r}^{r} \left[x_{i,j+t} - \sum_{k=0}^{n} (a_{i,nk} \times \Delta w_{j+t}^k)^2 \right] \tag{4-18}$$

式 (4-18) 用矩阵形式表示为

$$Q_{i,j} = (\boldsymbol{x}_{i,j} - \boldsymbol{\Phi}_{i,j} \boldsymbol{a}_{i,j})'(\boldsymbol{x}_{i,j} - \boldsymbol{\Phi}_{i,j} \boldsymbol{a}_{i,j}) = \|\boldsymbol{x}_{i,j} - \boldsymbol{\Phi}_{i,j} \boldsymbol{a}_{i,j}\|^2 \tag{4-19}$$

其中, $\boldsymbol{a}_{i,j}$ 为窗口内的 $n+1$ 维系数向量; $\boldsymbol{\Phi}_{i,j}$ 为 $[(2r+1)\times(n+1)]$ 维由 $\phi(\Delta w_{j+t}, k)$ 构成的多项式基矩阵, 其中 $\phi(\Delta w_{j+t}, k) \in \phi_{i,j+t}$。根据 LSRE 方法, 求解多项式系数:

$$\boldsymbol{a}_{i,j} = (\boldsymbol{\Phi}'_{i,j}\boldsymbol{\Phi}_{i,j})^{-1}\boldsymbol{\Phi}'_{i,j}\boldsymbol{x}_{i,j} \tag{4-20}$$

将式 (4-20) 代入式 (4-17) 可得

$$\tilde{\boldsymbol{x}}_{i,j} = \boldsymbol{\Phi}_{i,j}\boldsymbol{a}_{i,j} = \boldsymbol{\Phi}_{i,j}(\boldsymbol{\Phi}'_{i,j}\boldsymbol{\Phi}_{i,j})^{-1}\boldsymbol{\Phi}'_{i,j}\boldsymbol{x}_{i,j} \tag{4-21}$$

窗口内光谱数据的拟合向量 $\tilde{\boldsymbol{x}}_{i,j}$ 与原光谱向量 $\boldsymbol{x}_{i,j}$ 的对应关系为

$$\tilde{\boldsymbol{x}}_{i,j} = \boldsymbol{S}_{ij,\phi}\boldsymbol{x}_{i,j} \tag{4-22}$$

因此, 由式 (4-21) 与式 (4-22) 可得窗口内光谱数据 $\boldsymbol{x}_{i,j}$ 的平滑矩阵 $\boldsymbol{S}_{ij,\phi}$, 即

$$\boldsymbol{S}_{ij,\phi} = \boldsymbol{\Phi}_{i,j}(\boldsymbol{\Phi}'_{i,j}\boldsymbol{\Phi}_{i,j})^{-1}\boldsymbol{\Phi}'_{i,j} \tag{4-23}$$

由式 (4-23) 可知, 在以 w_j 为中心的窗口光谱数据 $\boldsymbol{x}_{i,j}$ 的平滑矩阵 $\boldsymbol{S}_{ij,\phi}$ 取决于多项式基矩阵 $\boldsymbol{\Phi}_{i,j}$, 其元素 $\phi(\Delta w_{j+t}, k)$ 是中心波长点间隔 Δw_{j+t} 的幂函数, 因而 $\boldsymbol{S}_{ij,\phi}$ 仅与变量 Δw_{j+t} 相关。NIRSA 的分辨率设置为 4 cm^{-1}, 即相邻波长点间隔 Δw 是等于 4 的固定常量, 可得 $\Delta w_{j+t} = t \times \Delta w$。为了简化计算, 令 $\Delta w = 1$, 则

$$\phi(\Delta w_{j+t}, k) = \phi(t, k) = t^k \tag{4-24}$$

计算窗口光谱数据 $\boldsymbol{x}_{i,j}$ 中心点的拟合值 $\tilde{x}_{i,j}$ 及其平滑系数向量 $\boldsymbol{s}_{i,j}$:

$$\tilde{x}_{i,j} = \sum_{t=-r}^{r} s_t(t) \times x_{i,j+t} = \boldsymbol{s}_{i,j}\boldsymbol{x}_{i,j} \tag{4-25}$$

4.3.2 粗糙惩罚法

光谱平滑处理的目的是消除光谱中高频随机噪声, 以提高光谱的信噪比。基础的 S-SGC 法中利用多项式基函数对光谱的基本特征进行描述, 以与原光谱偏差的平方和最小为目标, 综合各移动窗口的光谱拟合信息, 求取其中心点的吸光度值, 滤除高频随机噪声, 从而估计得到与真实光谱高度相似的拟合光谱。但在离散的光谱数据拟合过程中, 该方法对拟合程度与平滑程度的感知控制能力较弱, 难以平衡有用信息与噪声之间处理目标的差异。若要使拟合光谱在准确保存特征谱峰信息的同时, 最大限度地滤除其中的随机噪声, 需在基础理论与方法的基础上作出针对性的改进。

粗糙惩罚 (roughness penalty, RP) 法 [109] 的核心思想是, 在 S-SGC 方法的基础上引入粗糙惩罚项, 以均衡两个相互竞争的目标。粗糙惩罚项主要用于均衡拟合

光谱数据的粗糙程度 (弯曲率), 而二阶导数的几何意义描述了函数的凹凸性 (弯曲程度与方向)。因此, 函数粗糙度的表达式定义为

$$\mathrm{RP}(\boldsymbol{x}_{i,j}) = \int \left\{ f^2[\tilde{x}_{i,j}(t)] \right\}^2 \mathrm{d}t = \left\| f^2(\tilde{x}_{i,j}) \right\|^2 \tag{4-26}$$

将式 (4-26) 转换成矩阵形式:

$$\mathrm{RP}(\tilde{x}_{i,j}) = \int \left[\boldsymbol{a}'_{i,j} f^2(\boldsymbol{\phi}_{i,j+t}) f^2(\boldsymbol{\phi}'_{i,j+t}) \boldsymbol{a}_{i,j} \right] \mathrm{d}t$$

$$= \boldsymbol{a}'_{i,j} \left[\int f^2(\boldsymbol{\phi}_{i,j+t}) f^2(\boldsymbol{\phi}'_{i,j+t}) \mathrm{d}t \right] \boldsymbol{a}_{i,j} \tag{4-27}$$

在式 (4-19) 中引入粗糙惩罚项, 并令 $\boldsymbol{r} = \left[\int f^2(\boldsymbol{\phi}_{i,j+t}) f^2(\boldsymbol{\phi}'_{i,j+t}) \mathrm{d}t \right]$, 可得

$$Q_{i,j} = \left\| \boldsymbol{x}_{i,j} - \boldsymbol{\Phi}_{i,j} \boldsymbol{a}_{i,j} \right\|^2 + \lambda \mathrm{RP}$$

$$= (\boldsymbol{x}_{i,j} - \boldsymbol{\Phi}_{i,j} \boldsymbol{a}_{i,j})' (\boldsymbol{x}_{i,j} - \boldsymbol{\Phi}_{i,j} \boldsymbol{a}_{i,j}) + \lambda \boldsymbol{a}'_{i,j} \boldsymbol{r} \boldsymbol{a}_{i,j} \tag{4-28}$$

其中, λ 为平滑参数, 用于度量拟合光谱 $\tilde{x}_{i,j}$ 的拟合精度与平滑度之间的平衡率。

利用最小二乘估计原则的思想计算多项式系数 $\boldsymbol{a}_{i,j}$, 式 (4-20) 变为

$$\boldsymbol{a}_{i,j} = (\boldsymbol{\Phi}'_{i,j} \boldsymbol{\Phi}_{i,j} + \lambda \boldsymbol{r})^{-1} \boldsymbol{\Phi}'_{i,j} \boldsymbol{x}_{i,j} \tag{4-29}$$

窗口中心点的拟合值及其平滑系数的计算同基本的 S-SGC 方法。

4.3.3 端点信息修补

根据 S-SGC 方法的原理可知, 拟合光谱的起始位置在原光谱区间波长点 w_{r+1} 处, 末端位置在 w_{p-r} 处, 在平滑过程中共丢失了 $2 \times r$ 个波长点的光谱信息。为了保持拟合光谱的完整性, 充分利用原光谱的信息量, 统一分析模型输入变量的维数, 实验利用原光谱数据集的中心光谱 $\bar{x}$ 修补拟合光谱中丢失的端点信息, 实现方法的主要步骤如下。

步骤 1: 计算原光谱数据集的中心光谱 $\bar{x}_j = \dfrac{1}{l} \sum\limits_{i=1}^{l} x_{i,j}$, $\bar{x}_j \in \bar{x}$, $j = 1, 2, \cdots, p$;

步骤 2: 计算每组拟合光谱端点的吸光度 A 值 $\tilde{x}_{i,0}$、$\tilde{x}_{i,\mathrm{end}}$ 与中心光谱 $w_{r+1} w_{p-r}$ 处 $\bar{x}_{r+1}$、$\bar{x}_{p-r}$ 的偏差, 即 $\Delta x_0 = \tilde{x}_{i,0} - \bar{x}_{r+1}$, $\Delta x_{\mathrm{end}} = \tilde{x}_{i,\mathrm{end}} - \bar{x}_{p-r}$;

步骤 3: 修补光谱端点丢失的信息, 以 $\tilde{x}_{i,0}$、$\tilde{x}_{i,\mathrm{end}}$ 为起点分别往两端扩展, 初始端修补向量 $\tilde{\boldsymbol{x}}_0 = \bar{\boldsymbol{x}}_0 + \Delta \boldsymbol{x}_0$, $\bar{\boldsymbol{x}}_0 = [\bar{x}_1, \bar{x}_2, \cdots, \bar{x}_r]$, 末端修补向量 $\tilde{\boldsymbol{x}}_{\mathrm{end}} = \bar{\boldsymbol{x}}_{\mathrm{end}} + \Delta x_{\mathrm{end}}$, $\bar{\boldsymbol{x}}_{\mathrm{end}} = [\bar{x}_{p-r+1}, \bar{x}_{p-r+2}, \cdots, \bar{x}_p]$。

光谱数据集中随机噪声的均值近似为 0，中心光谱 $\bar{x}$ 中几乎不含有随机噪声。此外，中心光谱 $\bar{x}$ 是所有光谱数据特点的集合，具有较强的代表性，因此，从理论上分析，该方法用于修补完善拟合光谱是有效可行的。

4.3.4 参数优化

改进的 Savitzky-Golay 卷积平滑 (smoothing by improved Savitzky-Golay convolution，S-ISGC) 方法在基础的 S-SGC 方法上引入了粗糙惩罚项，对拟合精度与平滑度进行了明确的权衡。由该方法的基本原理可知，其有效性和可靠性主要取决于多项式的次数 N、窗口宽度 F 和平滑参数 λ 3 个参数。因此，为了更加准确、真实地恢复光谱数据，必须对其进行优化搜索，以获得最优的光谱平滑模式。

利用标准的粒子群优化 (particle swarm optimization，PSO) 算法 [110] 在由各参数构成的搜索空间寻找全局最优点，以 PLS 方法为测试平台，校正集煤样各指标真实值与预测值间绝对误差 E_A 的平均值 E_{ave} 为适应度函数，E_{ave} 的最小值为目标函数，优化 S-ISGC 方法中的参数。

4.3.5 光谱的 D 阶导数

在 4.1 节中介绍了利用直接差分法对光谱求导，可有效消除光谱中的基线漂移、放大特征谱峰信息。但该方法的准确性很大程度上依赖于光谱的采样频率 (波长点密度)，当采样频率过高时特征谱峰不易被发现，而对于稀疏的波长采样点，光谱求导的误差较大。S-SGC 方法将光谱离散的数据点利用多项式函数进行描述，使其具有函数性，在此基础上对光谱求导则不存在上述问题。

根据 S-SGC 方法的基本原理可知，对光谱的平滑处理，仅需计算窗口中心点 ($t=0$) 的拟合值 $\tilde{x}_{i,j}$，由式 (4-17) 可知，该点的 D 阶导数为

$$\tilde{x}_{i,j}^D = \begin{cases} a_{i,n0}, & D = 0 \\ (D-1)!\alpha_{i,nD}, & 1 \leqslant D \leqslant n \end{cases} \qquad (4\text{-}30)$$

根据式 (4-24) 计算其相应的平滑系数 $s_{i,j}^D$。

4.3.6 结果与讨论

为了全面真实地掌握引入粗糙惩罚项的 S-ISGC 方法，对光谱中随机噪声滤除的效果，先利用 PSO 算法分别优化基础 S-SGC 和 S-ISGC 方法的参数，尽量减小因方法参数引起的分析误差；然后分析对比不同粒度等级下 (不同信噪比) 的光谱经两种方法平滑处理后 PLS 模型的预测精度；最后，从实际应用的角度对方法的稳定性和适用性进行评估。

在基础的 S-SGC 方法中，待优化的参数有多项式次数 N 和窗口宽度 F，S-ISGC 方法中则多了一个平滑参数 λ。因此，PSO 算法中每个粒子的维数分别

为 2 和 3，平滑方法中的多项式次数 N 是 1~10 的整数，窗口宽度 F 是 17~100 的奇数，λ 平滑参数为 0~1000。PSO 算法主要的参数设置：种群大小为 20，迭代次数为 100 次，惯性权重 $\omega = 1$，加速度常量 $c_1 = c_2 = 1.497$。利用 PLS 模型为测试平台，以搜索 E_{ave} 最小值为目标，优化 S-SGC 和 S-ISGC 法的相关参数。对于不同的光谱数据集，基于 PSO 算法的参数优化过程如图 4-10 所示，最优参数如表 4-3 所示。

由图 4-10 和表 4-3 可知：

(1) 窗口宽度 F 也称平滑点数，其值过小时，窗口内光谱数据点较少，对拟合光谱的估计不够充分，易产生新误差，不能较好地达到平滑的目的；反之，区间内的谱峰特征信息量较高，在拟合运算时易造成信号失真。

(2) S-ISGC 方法的核心是利用平滑参数 λ 均衡光谱的拟合度和平滑度，通过强化光谱的平滑度以减少噪声对拟合光谱的误导，却在同时弱化了对原光谱的拟合度，加重了光谱的失真问题。因此，该方法不适于处理特征谱峰较弱的光谱，如 0.2 mm 粒度等级的光谱数据。

(3) λ 越大光谱受到的粗糙惩罚越多，拟合光谱的光滑性越好。当 $\lambda \to \infty$ 时，$RP(\boldsymbol{x}_{i,j}) = 0$，拟合光谱接近于原光谱的标准线性回归；$\lambda$ 越小，施加的惩罚越小，拟合光谱的波动越大。光谱经散射校正后特征谱峰与噪声的波动幅度及频率增大，为了减少噪声在光谱拟合过程中造成的偏差，需加大对光谱粗糙惩罚的力度。因此，经 PSO 算法优化后散射校正光谱的平滑系数 λ 大于原光谱。

(4) 在原光谱数据集中，煤样粒度越大，其光谱的特征谱峰信息越强，但也伴随较多噪声的叠加，其中，0.2 mm 粒度等级光谱的特征谱峰信息最弱，噪声含量较少，谱图可近似成直线。因此，用于描述该光谱的多项式函数较为简单，多项式次数 $N \leqslant 3$；为了最大限度地保留微弱的特征谱峰信息，减少光谱失真，需缩小窗口宽度 $F(F = 17)$，以较高的分辨率对光谱进行平滑拟合。

(5) 在处理噪声和特征谱峰信息含量高的光谱时，如 1 mm 与 3 mm 粒度等级的原光谱，0.2 mm、1 mm 与 3 mm 粒度等级散射校正光谱 5 种数据集，平滑窗口的宽度既要最大限度地滤除噪声，又要保证光谱的失真率最小。经 PSO 算法优化后可知，不同特点的光谱在不同的平滑模式下，窗口的宽度也不尽相同。

分别用无任何处理、S-SGC 优化模式和 S-ISGC 优化模式 3 种处理方法，同时对 3 种粒度等级的原光谱数据集和散射校正光谱数据集进行平滑去噪，并利用已构建的测试平台评估各种平滑模式下拟合光谱的准确性，其分析结果如表 4-4 与表 4-5 所示。

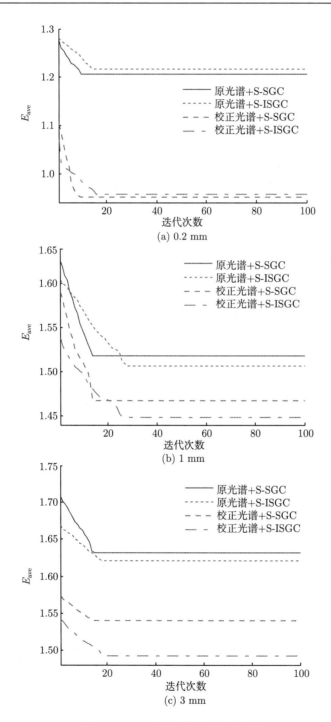

图 4-10 PSO 算法的参数优化过程

表 4-3　各光谱数据集对应的最优参数值

参数	原光谱						散射校正光谱					
	0.2 mm		1 mm		3 mm		0.2 mm		1 mm		3 mm	
方法	原	改进	原	改进	原	改进	原	改进	原	改进	原	改进
平滑参数 λ	0	136	0	121	0	144	0	352	0	295	0	514
多项式次数 N	2	3	5	6	6	6	5	4	5	9	6	9
窗口宽度 F	17	17	69	89	57	79	47	47	53	81	41	51

表 4-4　原光谱数据集平滑处理后模型的分析结果

平滑模式	0.2 mm			1 mm			3 mm		
	E_{ave}	R	E_{RMS}	E_{ave}	R	E_{RMS}	E_{ave}	R	E_{RMS}
无	1.1825	0.8924	1.5327	1.7828	0.7998	2.0371	1.8704	0.7969	2.1070
S-SGC	1.2067	0.8900	1.5624	1.5196	0.7933	1.8738	1.6310	0.8064	1.9970
S-ISGC	1.2165	0.8884	1.5791	1.5077	0.8642	1.8336	1.6207	0.8056	1.9947

表 4-5　散射校正光谱数据集平滑处理后模型的分析结果

平滑模式	0.2 mm			1 mm			3 mm		
	E_{ave}	R	E_{RMS}	E_{ave}	R	E_{RMS}	E_{ave}	R	E_{RMS}
无	0.9951	0.9045	1.2752	1.5628	0.8617	1.8996	1.6118	0.8324	1.9116
S-SGC	0.9762	0.9084	1.2241	1.4678	0.8631	1.7733	1.5596	0.8455	1.8927
S-ISGC	0.9703	0.9120	1.2160	1.4488	0.8640	1.7567	1.5423	0.8652	1.8434

由表 4-4 与表 4-5 可知:

(1) 从整体上看, S-SGC 和 S-ISGC 方法均可有效地滤除原光谱与散射校正光谱中的随机噪声。

(2) 利用 S-SGC 和 S-ISGC 方法对光谱进行平滑处理时, 在一定程度上造成了有用信息的损失, 而对特征谱峰微弱的光谱数据, 如 0.2 mm 粒度等级采集的煤样光谱, 该方法的去噪效果较差。因此, 上述两种方法适用于处理特征谱峰明显的光谱数据。

(3) 改进的多元散射校正 (IMSC) 方法主要用于放大光谱的特征谱峰信息, 但不能滤除随机噪声。S-SGC 或 S-ISGC 方法可针对性地消除光谱中的随机噪声, 削弱光谱的特征谱峰信息。因此, 上述方法的有机结合, 可大幅度地提高光谱的信噪比, 使光谱得到最有效的恢复。

经最优的平滑模式处理后, 各光谱数据集的拟合光谱如图 4-11 所示, 拟合光谱与散射校正光谱间吸光度 A 的差为滤除的随机噪声。

S-SGC 与 S-ISGC 方法利用多项式函数给光谱赋予了函数性, 因此光谱的一阶、二阶求导可转为对多项式函数的求导。各光谱数据集在最优平滑模式下的一阶、二阶导数及相应模型的分析结果如图 4-12 所示。

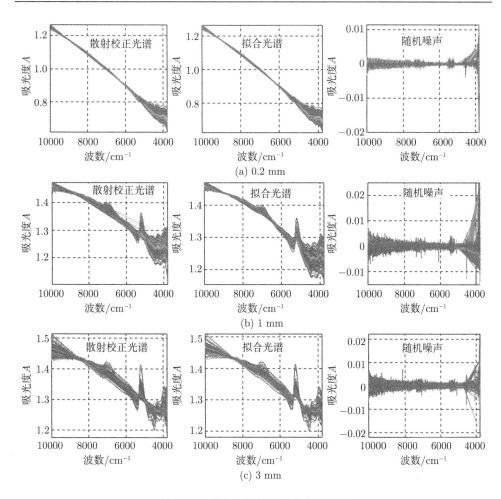

图 4-11 最优平滑模式下的拟合光谱

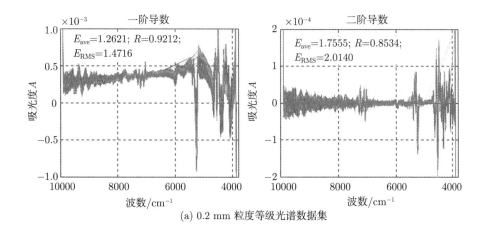

(a) 0.2 mm 粒度等级光谱数据集

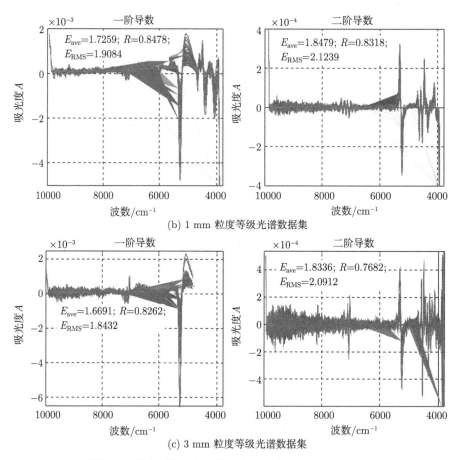

(b) 1 mm 粒度等级光谱数据集

(c) 3 mm 粒度等级光谱数据集

图 4-12　最优平滑模式下拟合光谱的一阶、二阶导数及相应模型的分析结果

由图 4-12 可知，光谱的一阶、二阶求导可有效消除基线漂移和背景干扰，通过掌握光谱的幅值变化率和弯曲度等信息将微弱的特征谱峰信息进行放大。在光谱的平滑处理过程中，随机噪声不可能完全被滤除，而一阶、二阶求导又具有放大波动数据的功能，残留噪声也不可避免地被放大，致使分析模型的精度低于求导前。由于一阶、二阶求导方法对光谱的信噪比要求非常高，将其用于光谱恢复具有一定的风险性和局限性，因此在利用 PSO 算法优化平滑模式 (参数) 时未对求导阶数 D 进行搜索优化。

4.4　本 章 小 结

为了提高光谱数据的信噪比，本章主要围绕消除散射干扰，放大特征谱峰信息，以及滤除随机噪声等方面的内容而展开。

(1) 常用光谱恢复方法的对比分析，包括基于均值中心化与标准化的光谱数据增强变换、基于直接差分法的光谱一阶/二阶导数、移动窗口平均平滑法和多元散射校正等。根据各光谱恢复方法的原理与性能特点，结合不同粒度等级下煤样光谱数据的特点，对各方法的适用性和可靠性进行了综合分析。

(2) 拟线性局部加权散射校正方法的提出，主要用于改善传统多元散射校正方法中，利用简单的线性关系，拟合光谱间复杂的非线性关系的问题，以获得可信度高、更接近真实光谱的校正光谱。通过分析多种拟线性函数对原光谱与"理想"光谱的描述效果，选取增长曲线函数代替传统多元散射校正方法中的线性函数。此外，为了更加精确细致地描述原光谱与"理想"光谱在各波长点处的依赖关系，在最小二乘评估函数中加入基于核函数的局部加权项。

实验结果表明：改进的多元散射校正方法不仅有效地消除了光谱中的散射干扰，也放大了光谱的特征谱峰信息，校正光谱的质量明显优于传统方法。

(3) 基于粗糙惩罚法的光谱优化平滑模式，主要用于均衡拟合光谱的拟合程度和平滑程度两个相互矛盾的目标，以准确地滤除光谱中的随机噪声。在 Savitzky-Golay 卷积平滑方法的基础上引入粗糙惩罚项，并利用标准的 PSO 算法优化平滑模式，包括多项式次数、平滑窗口宽度和平滑参数。

实验结果表明：改进的 Savitzky-Golay 卷积平滑方法最大限度地滤除了光谱中的随机噪声，但由于粗糙惩罚项的加入，该方法在某种程度上更倾向于关注拟合光谱的光滑度，伴随着较多信息的丢失。因此，对于特征谱峰信息明显的光谱，拟合光谱的信噪比高于传统方法，但对于谱峰信息较弱的光谱，则具有一定的局限性。

从上述分析对比中可知，1 mm 与 3 mm 粒度等级的光谱数据集的光谱特征谱峰、幅值变化和噪声等数据组成和特点具有较多的相似性，因此在第 5、6 章的实验仿真中仅分析 0.2 mm 与 3 mm 粒度等级的光谱数据集。利用各种光谱恢复方法消除噪声干扰后，第 5 章将给出光谱数据的压缩方法，从基于特征选择和特征提取的各种理论与方法中，选出最有效的冗余信息处理方法，以降低分析模型的运算复杂度，提高模型的学习速度。

第5章 煤炭光谱数据的筛选压缩

煤以有机质为组成主体，含有大量的由碳、氢、氧、氮、硫等元素构成的高分子复杂有机混合物，当连续的近红外射向煤样时，在某些特定波长点处，近红外被煤样中的基团吸收，形成煤样近红外光谱图。因此，在诸多波长点处吸光度 A 与煤样组成结构间相关性较小甚至无关，即光谱对煤样信息的携带量较弱，将其视为冗余信息。此外，在某些波长点处受噪声干扰的影响较大，光谱恢复方法已不能将其彻底消除，光谱中不稳定因素 (噪声) 依然存在。无论是光谱中的冗余信息，还是残留的噪声干扰，都对定量分析模型的性能，如空间复杂度、学习速度和精度等，产生极大的负面影响。

为了改善上述问题，需在建立定量分析模型前对光谱数据进行有效压缩，主要包括光谱特征选择和特征提取两种方法。光谱的特征选择方法通过分析各波长点处吸光度 A 与煤样各指标的相关性，从原光谱区间中选取影响程度较高的波长点或谱区，剔除冗余信息与噪声，实现光谱数据的压缩。光谱的特征提取方法是通过某些变换把原光谱区间的光谱信息进行组合，突出煤炭光谱信息中具有代表性的特征，将高维的光谱信息压缩为新的低维特征信息。

5.1 基于要点排序法的波长点向前选择

向前选择方法从原光谱中以波长点为单位，逐个筛选有用的特征信息，组成新的特征集合，是最简单常用的光谱特征选择方法。为了评估某波长点对分析结果正确率的贡献程度，在选取特征波长点时，通常要与已构建的 PLS 模型相结合，以预测值与真实值间的偏差为评价函数，判断该点是否为有用的特征信息。

5.1.1 理论基础

对于 l 组煤炭样本，相应的光谱数据集为 $\boldsymbol{X}_{l \times \mathrm{p}}$，各指标真实值的数据集 (真实数据集) 为 $\boldsymbol{Y}_{l \times n}$，其中，$p$ 为光谱的特征维数 (波长点数)，n 为待分析指标的项数。在 $\boldsymbol{X}_{l \times \mathrm{p}}$ 中第 j 个波长点处光谱幅值 (吸光度 A) 的向量 $\boldsymbol{x}_j = [x_{1,j}, x_{2,j}, \cdots, x_{l,j}]'$，$\boldsymbol{Y}_{l \times n}$ 中第 k 项指标的真实值向量 $\boldsymbol{y}_k = [y_{1,k}, y_{2,k}, \cdots, y_{l,k}]'$。

传统的向前选择 (forward selection, FS) 方法 [111] 的基本思想是：设置新的特征集合为空集，从原光谱区间的始端开始，逐个添加使输出误差降低的波长点，直至误差不变或达到原光谱区间的末端。实验利用已构建的 PLS 模型，以各指标真实值与预测值绝对误差 E_A 的均值 E_{ave} 为评价参数, 对各波长点的信息属性进行判断 (有用或冗余)。

FS 方法的实现步骤如下。

输入: 在光谱数据集 $X_{l \times p}$ 中第 j 个波长点处吸光度值为 x_j, 其中 $x_j \in X_{l \times p}, j = 1, 2, \cdots, p$, 新特征集合 $F = \varnothing$, $m = 1$。

For $j = 1 : 1 : p$

步骤 1: 将 x_j 加入到新特征集合 $F = [F x_j]$ 中, 并将其作为 PLS 模型的输入;

步骤 2: 将参与建模的样本集平均划分成 5 个子集, 每个子集轮流作为验证集, 其余子集为训练集, 计算所有样本各指标真实值与预测值的 $E_{ave}(m)$;

步骤 3: 当 $m \geqslant 2$ 时, 如果 $E_{ave}(m) < E_{ave}(m-1)$, 则 x_j 为有用的特征信息, 更新特征集 F_m, $m = m+1$, 否则该波长点处为冗余信息, 特征集合 $F_m = F_{m-1}$;

End

步骤 4: 输出最终的特征集合 F。

基于向前选择方法的光谱特征波长点选择是一个局部搜索的过程, 得到的特征集合是合理的解, 但不是最优解。若对光谱的特点属性一无所知, 仅按照顺序向前盲目选择, 则容易导致最终的特征集合在误差的极小值处获得。

5.1.2 要点排序法

为了改善传统向前选择方法的局限性, 在其基础上提出了基于要点排序法的波长点向前选择, 先利用相关系数法和方程分析法, 对光谱中各波长点处特征信息的重要性进行排序, 然后按照要点贡献率的大小搜索特征波长点。

相关系数向前选择 (forward selection by correlation coefficient, FS-CC) 法[112]的核心是计算光谱数据集 $X_{l \times p}$ 中每个波长点处吸光度 A 的向量 x_j 与真实值数据 $Y_{l \times n}$ 中各项指标的真实值向量 y_k 之间的相关系数 $R_{j,k}$, 公式如下:

$$R_{j,k} = \frac{\sum_{i=1}^{l} (x_{i,j} - \bar{x}_j)(y_{i,k} - \bar{y}_k)}{\sqrt{\sum_{i=1}^{l} (x_{i,j} - \bar{x}_j)^2} \sqrt{\sum_{i=1}^{l} (y_{i,k} - \bar{y}_k)^2}} \tag{5-1}$$

相关系数 $R_{j,k}$ 越大, 该波长点处有用特征信息的含量越高。由于不同指标对应的特征吸收波长点不同, 相关系数也不尽相同, 为了使选取的特征波长点具有较

广的覆盖性, 取各指标相关系数的最大值为排序依据, 即

$$R_j = \max(R_{j,k}|k = 1, 2, \cdots, n) \tag{5-2}$$

其中, $\bar{x}_j = \dfrac{1}{l}\displaystyle\sum_{i=1}^{l} x_{i,j}$, $x_{i,j} \in x_j$; $\bar{y}_k = \dfrac{1}{l}\displaystyle\sum_{i=1}^{l} y_{i,k}$, $y_{i,k} \in \boldsymbol{y}_k$。

方差分析向前选择 (forward selection by variance analysis, FS-VA) 法 [112] 的核心是计算光谱数据集 $\boldsymbol{X}_{l\times\mathrm{p}}$ 中各波长点处吸光度向量的均方差 VA_j, 公式如下:

$$\mathrm{VA}_j = \sqrt{\frac{1}{l}\sum_{i=1}^{l}(x_{i,j} - \bar{x}_j)^2} \tag{5-3}$$

均方差 VA_j 反映了该波长点处吸光度 A 的变化情况, 其值越大, 吸光度 A 的变化越显著。根据煤样光谱形成的机理可知, 吸光度 A 幅值的波动是由煤样组成成分与结构变化引起的, 即在光谱波动明显的波长点处携带煤样信息越多。因此, 从理论上分析, 均方差 VA_j 可用于描述光谱中有用特征信息的携带量。

5.1.3　特征光谱波长点的筛选过程

相关系数法和方差分析法是常用的光谱波长点筛选方法, 通常需根据先验知识设定一个合理的阈值对各波长点处所携带的信息属性 (有用或冗余) 进行标定。对于相关系数法, 若 $R_{j,k} \geqslant T_R$(阈值), 则该波长点处的吸光度 A 视为有用的特征信息, 将其放入新的特征数据集 $\boldsymbol{F}_{l\times m}$($m$ 为有用的特征信息维数), 用于代替原光谱数据集 $\boldsymbol{X}_{l\times\mathrm{p}}$; 否则, 为无用的特征信息, 予以剔除。同理, 在方差分析法中, 若 $\mathrm{VA}_j \geqslant T_{\mathrm{VA}}$ (阈值) 则选入新的特征数据集, 否则予以剔除。因此, 在设定阈值时需掌握丰富的先验知识, 熟悉光谱数据的组成或性质, 该方法所筛选的特征波长点信息具有较强的主观性, 可靠性和稳定性较差。

基于 FS-CC 和 FS-VS 方法的特征波长点筛选是要点排序法和向前选择方法的集成, 并结合已构建基于 PLS 方法的定量分析模型, 以各指标真实值与预测值绝对误差 E_A 的均值 E_{ave} 为评价参数, 逐个筛选有用的特征波长点信息。

FS-CC 与 FS-VA 方法的主要步骤如图 5-1 所示。

(1) 要点排序, 利用相关系数法和方差分析法对各波长点的重要性 (贡献率) 进行排序;

(2) 添加特征数据, 按照要点贡献率从大到小的顺序, 把各波长点的吸光度向量 $\boldsymbol{x}_j$ 逐步加入特征数据集中;

(3) 训练模型, 特征数据集作为 PLS 模型的输入变量训练模型;

(4) 输出最终的特征数据集, 逐步添加特征波长点信息直至 E_{ave} 最小, 或在某一值后变化极其缓慢。

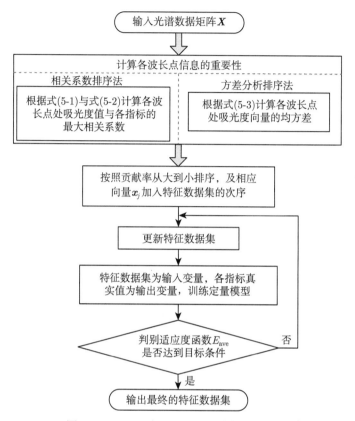

图 5-1　FS-CC 与 FS-VA 方法的主要步骤

5.1.4　结果与讨论

　　基于传统 FS 方法的特征选择在近红外光谱谱区范围内，以单个波长点为单位，从波长点 3799.079 cm⁻¹ 处开始，依次筛选有用的特征信息，新组成的特征数据集作为 PLS 模型的输入，各指标的真实值为模型的输出，将训练样本集中 100组煤样均匀地划分为 5 个子集，即每个子集含 20 组煤样，每个子集分别作为一次验证集训练模型，计算所有样本各指标真实值与预测值间绝对值误差 E_A 的均值E_{ave}。实验共分析了 4 种光谱数据集的特征波长点信息的筛选，包括：0.2 mm 粒度等级下原始和恢复后的光谱数据集，如图 5-2 所示；3 mm 粒度等级下原始和恢复后的光谱数据集，如图 5-3 所示。

　　由图 5-2 可知，对于 0.2 mm 粒度等级下原始和恢复后的光谱数据集，在第 521和 1500 个波长点处，模型的输出误差 E_{ave} 最小分别为 1.4199 和 1.3480，此时的特征数据集为最优解，包含的特征波长点数 (特征维数) 分别为 186 和 135。

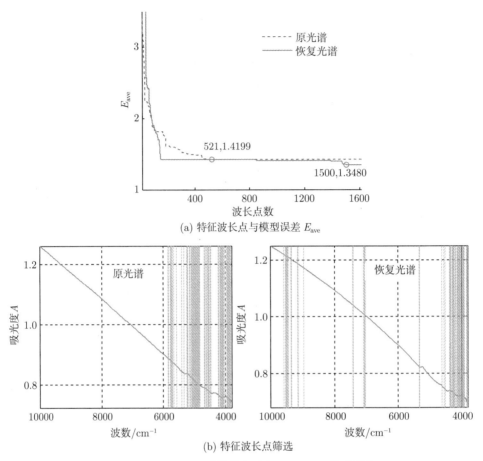

(a) 特征波长点与模型误差 E_{ave}

(b) 特征波长点筛选

图 5-2　基于 FS 方法的特征选择：0.2 mm 粒度等级

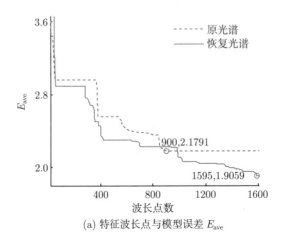

(a) 特征波长点与模型误差 E_{ave}

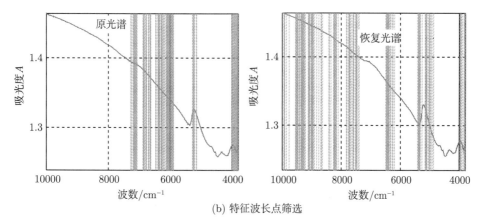

(b) 特征波长点筛选

图 5-3　基于 FS 方法的特征选择: 3 mm 粒度等级

由图 5-3 可知, 对于 3 mm 粒度等级下原始和恢复后的光谱数据集, 在第 900 和 1595 个波长点处, 模型的输出误差 E_{ave} 最小分别为 2.1791 和 1.9059, 此时的特征数据集为最优解, 包含的特征波长点数分别为 173 和 270。

相较于 FS 法, 基于 FS-CC 方法的特征波长点筛选在往新特征数据集中添加波长点信息时, 需先利用相关系数法计算各波长点与各指标真实值间的相关系数 R, 如图 5-4 所示, 按照 R 值的大小对相应波长点的重要性进行排序, 并以此序列逐步更新特征数据集。方法的后续分析步骤同 FS 法, 各光谱数据集的特征选择结果如图 5-5 和图 5-6 所示。

由图 5-5 可知, 对于 0.2 mm 粒度等级下原始和恢复后的光谱数据集, 在第 1607 和 1580 个波长点处, 模型的输出误差 E_{ave} 最小分别为 1.2845 和 1.1870, 此时的特征数据集为最优解, 包含的特征波长点数分别为 159 和 99。

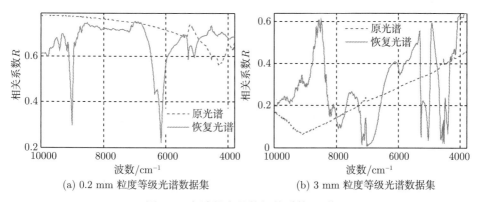

(a) 0.2 mm 粒度等级光谱数据集　　(b) 3 mm 粒度等级光谱数据集

图 5-4　各波长点处的相关系数 R 值

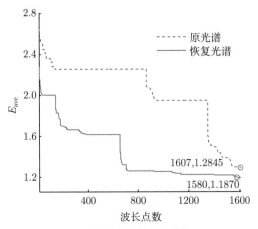

(a) 特征波长点与模型误差 E_{ave}

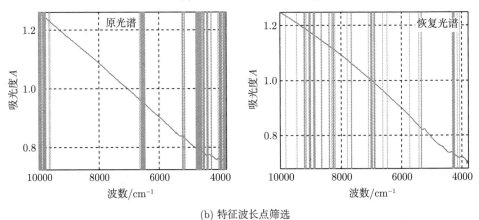

(b) 特征波长点筛选

图 5-5　基于 FS-CC 方法的特征选择: 0.2 mm 粒度等级

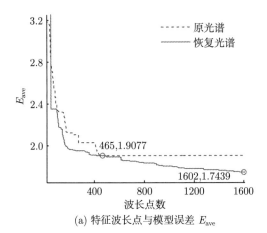

(a) 特征波长点与模型误差 E_{ave}

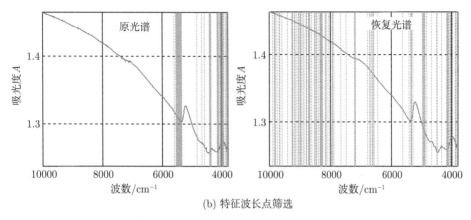

(b) 特征波长点筛选

图 5-6 基于 FS-CC 方法的特征选择: 3 mm 粒度等级

由图 5-6 可知,对于 3 mm 粒度等级下原始和恢复后的光谱数据集,在第 465 和 1602 个波长点处,模型的输出误差 E_{ave} 最小分别为 1.9077 和 1.7439,此时的特征数据集为最优解,包含的特征波长点数分别为 121 和 201。

基于 FS-VA 方法的特征波长点筛选与 FS-CC 方法类似,唯一的差别是要点排序的依据。FS-VA 方法利用方差分析法计算各波长点的均方差 VA,如图 5-7 所示,并依此将各波长点的重要性按降序排列。各光谱数据集的特征选择结果如图 5-8 与图 5-9 所示。

由图 5-8 可知,对于 0.2 mm 粒度等级下原始和恢复后的光谱数据集,在第 1583 和 1331 个波长点处,模型的输出误差 E_{ave} 最小分别为 1.2781 和 1.1787,此时的特征数据集为最优解,包含的特征波长点数分别为 164 和 119。

由图 5-9 可知,对于 3 mm 粒度等级下原始和恢复后的光谱数据集,在第 687 和 1518 个波长点处,模型的输出误差 E_{ave} 最小分别为 1.8391 和 1.7079,此时的特征数据集为最优解,包含的特征波长点数分别为 134 和 232。

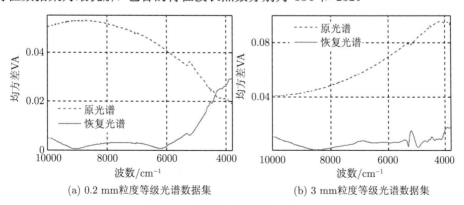

(a) 0.2 mm粒度等级光谱数据集   (b) 3 mm粒度等级光谱数据集

图 5-7 各波长点处的均方差 VA

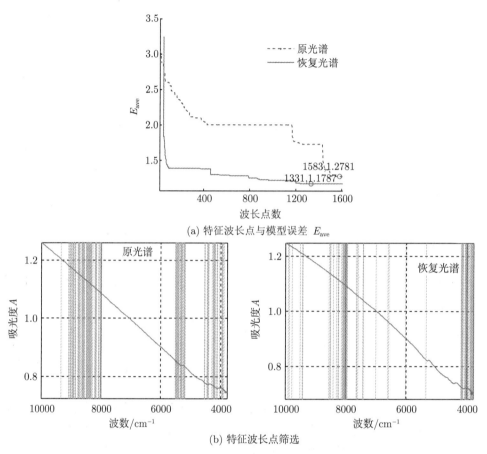

(a) 特征波长点与模型误差 E_{ave}

(b) 特征波长点筛选

图 5-8　基于 FS-VA 方法的特征选择: 0.2 mm 粒度等级

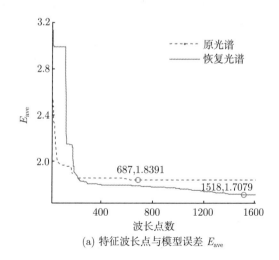

(a) 特征波长点与模型误差 E_{ave}

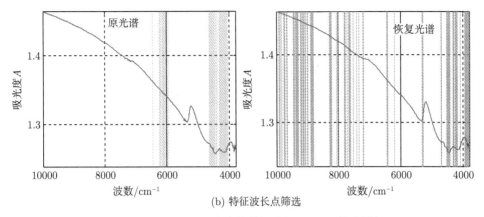

(b) 特征波长点筛选

图 5-9 基于 FS-VA 方法的特征选择: 3 mm 粒度等级

由上述分析可知:

(1) 相较于 FS 法, 基于 FS-CC 和 FS-VA 法的特征选择, 无论是在光谱维度的压缩程度, 还是特征集对原光谱数据集的描述, 偏差都得到了有效的降低。特征波长点数均减少了约 11% 以上, 其中 3 mm 粒度等级原始光谱数据集的减幅较高达到 25% 以上; 模型的预测误差 E_{ave} 降低了约 10%。

(2) 由于 0.2 mm 粒度等级下采集的光谱数据中特征谱峰不明显, 谱图近似于直线, 各波长点处的相关系数几乎全部大于 0.6, 变化幅度小于 0.2, 特征波长点的重要性区分不明显。而在谱峰相对明显的谱区内 (4000~5500 cm^{-1}), 其均方差值小于其他谱区, 即噪声引起的波动影响超过了特征谱峰的波动。因此, 除了 0.2 mm 粒度等级原始光谱数据之外, FS-CC 和 FS-VA 方法筛选的特征数据集均可使模型误差迅速地降到较小值, 然后缓慢收敛于最小值。

(3) FS、FS-CC 和 FS-VA 法是对单个波长点的信息进行逐步筛选, 抗噪声干扰的能力较弱, 导致所选特征数据集的稳定性和可靠性较差。由于恢复后光谱数据集在消除了原始光谱中噪声干扰的同时, 放大了特征谱峰, 因而其特征筛选效果明显优于原始光谱数据集。

(4) 光谱信息之间具有多重交互作用, 各波长点处的信息彼此相关, 逐步筛选的向前选择方法大多数情况下得到的特征集合不是最优解。而 FS-CC 和 FS-VA 方法仅是改善了 FS 法所存在的问题, 并没有将其彻底解决。

综上所述可知, 基于要点排序的特征波长点筛选可对高维的光谱数据进行有效压缩, 但受煤样光谱数据的特点和方法原理的制约, 所选特征信息的稳定性和可靠性具有一定的争议, 该特征选择方法有待改进。

5.2　基于优化组合法的谱区选择

逐点筛选的光谱数据压缩方法将对每个波长点处携带的信息属性 (有用或冗余) 进行评估，要求光谱数据的准确度较高，方法的抗噪声干扰能力较差，具有一定的局限性。为了解决上述问题，可将筛选方法由以单个波长点为单位改为以区间为单位，减少单个波长点对全局的影响。

5.2.1　基于谱区排序的向前选择法

基于谱区排序的向前选择法 (forward selection by spectral region ordination, FS-SRO) 的工作原理与基于要点排序法的波长点向前选择类似，区别在于后者的处理对象是单个波长点，而前者是光谱区间 (多个相邻波长点)。

方法的基本思路是：首先，将光谱数据集 $X_{l \times p}$ 均匀划分为若干个子区间，每个子区间包含 m 个波长点；其次，利用方差分析法计算各子集的均方差之和，并以升序的方式排列相应子集加入特征数据集的顺序；再次，以特征数据集为输入变量，煤样各指标的真实值数据集 $Y_{l \times n}$ 为输出，建立基于 PLS 方法的定量分析模型，从空集开始，利用向前选择方法，不断更新特征数据集直至 E_{ave} 误差最小；最后，输出最佳特征子区间。

5.2.2　基于遗传算法的谱区选择

遗传算法 (GA) [113] 最初由美国 Michigan 大学的 J.Holland 教授提出，模拟达尔文生物进化论的自然选择和遗传学机理的生物进化过程的计算模型。遗传算法通过随机生成初始种群，利用选择、交叉和变异等遗传操作，将个体中的优良基因遗传到下一代，获得更适应于环境的个体，使种群逐代进化到搜索空间中的最优区域，从而求得问题的最优解。

基于遗传算法的谱区选择 (spectral region selection by genetic algorithm, SRS-GA) [114] 借助遗传算法的全局搜索能力获得最优的谱区组合，筛选有用的特征信息。SRS-GA 方法的基本思想是：将光谱的全谱区均匀地划分为若干个子区间，每个子区间代表一位基因；用二进制对其进行编码，"1"代表该谱区被选中，"0"为舍弃，全部子区间构成一条染色体 (个体)；结合 PLS 模型，选取恰当的适应度函数，通过一系列遗传操作，搜索最优的特征数据集。

SRS-GA 方法的实现步骤如下。

输入：在光谱数据集 $X_{l \times p}$ 中第 j 个波长点处吸光度值为 x_j，其中 $x_j \in X_{l \times p}$，$j = 1, 2, \cdots, p$，新特征集合 F。

步骤 1：谱区划分，将 $X_{l \times p}$ 均匀划分为 K 个子集 $X_{l \times n}^k (k \in K)$；

步骤 2：采用二进制编码，染色体 $C = [c_1, c_2, \cdots, c_K]$，$c_i = 1$ 或 0；

步骤 3：产生初始种群 (大小为 M)，为了保证初始种群的有效性，每个个体 $C_i(i = 1, 2, \cdots, M)$ 不能出现全 "1" 和全 "0" 的情况；

步骤 4：计算适应度函数 $f(C)$，公式如下：

$$f(C) = 100 - E_{\text{ave}}$$

其中，E_{ave} 为 PLS 模型的实际输出与真实值间绝对值误差 E_A 的均值；

步骤 5：选择操作，选取优良的个体 (适应度值较高) 并将其遗传到下一代种群，以扩大个体在种群中的遗传基因：

(1) 选用比例选择算子，个体以一定的概率 p_i 被选中并遗传到下一代种群，其适应度值越大则被选中概率越高，即

$$p_i = \frac{f(C_i)}{\text{sum}\left[f(C_i)\right]}, \quad i = 1, 2, \cdots, M$$

(2) 采用模拟轮盘赌操作，确定各个体被选中的频率；

步骤 6：交叉操作，采用单点交叉算子 (图 5-10)；

步骤 7：变异操作，采用单点变异算子 (图 5-11)；

步骤 8：重复步骤 4~7，直至满足运行条件 (终止代数 G)。

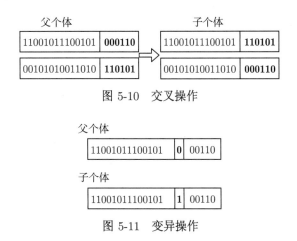

图 5-10 交叉操作

图 5-11 变异操作

5.2.3 结果与讨论

基于 FS-SRO 方法的特征选择在近红外光全谱区范围内，以 m 个波长点为单位依次筛选有用的谱区信息组成特征数据集，并利用方差分析法对每个谱区的重要性进行排序，即求该谱区所有波长点处吸光度 A 值均方差之和，按照从大到小

顺序将各谱区携带的信息逐步加入特征数据集。特征数据集质量的实验验证方法同基于要点排序的波长点向前选择法。

波长点个数 m 是该方法中的重要参数，其值的选取决定了 PLS 模型实际输出与真实值间的最小偏差，限制了特征数据集与各指标真实值间的最大相关度。因此，利用交叉验证法，以输出偏差 E_{ave} 最小为目标，在 10～100(步长为 5) 搜索最优的谱区波长点个数 m。0.2 mm 粒度等级下原始和恢复后的光谱数据集，谱区波长点数 m 与 E_{ave} 关系如图 5-12 所示；3 mm 粒度等级下原始和恢复后的光谱数据集，谱区波长点数 m 与 E_{ave} 关系如图 5-13 所示。

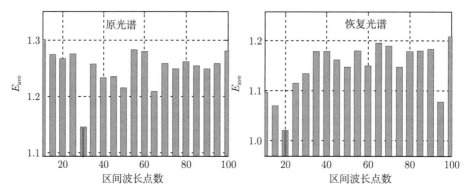

图 5-12　谱区波长点数 m 与 E_{ave} 关系图: 0.2 mm 粒度等级

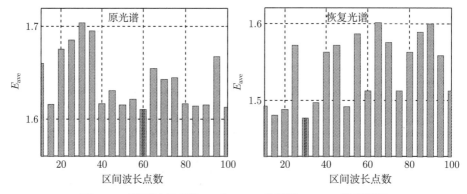

图 5-13　谱区波长点数 m 与 E_{ave} 关系图: 3 mm 粒度等级

从图 5-12 和图 5-13 可知，0.2 mm 粒度等级下原始和恢复后的光谱数据集，最优的谱区波长点数 m 分别为 30 和 20；对于 3 mm 粒度等级，m 的最优值分别为 60 和 30。全谱区共 1609 个波长点，不能将 m 整除，因此最后一个谱区的波长点数为 $1609 - (K - 1) \times m$，其中 K 为谱区个数。

由图 5-14 可知，当谱区波长点数最优时，0.2 mm 粒度等级下原始和恢复后的光谱数据集，在第 46 区 ($m_{最优} = 30$) 和第 68 区 ($m_{最优} = 20$) 模型的输出误差 E_{ave} 最小分别为 1.1444 和 1.0195，最优特征数据集的基本情况如表 5-1 所示。

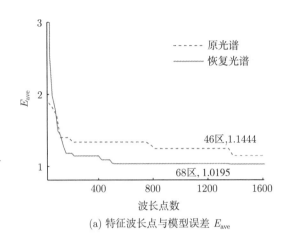

(a) 特征波长点与模型误差 E_{ave}

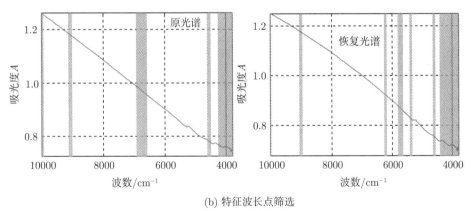

(b) 特征波长点筛选

图 5-14　基于 FS-SRO 方法的特征选择：0.2 mm 粒度等级

表 5-1　FS-SRO 方法筛选的特征数据集：0.2 mm 粒度等级

光谱数据集	波长点数	谱区数	总波长点数	谱区编号
原始	30	54	289	1,9,28~30,48,51~54
恢复后	20	81	289	1,14,50,56,57,61,71,74~81

由图 5-15 可知，当谱区波长点数最优时，3 mm 粒度等级下原始和恢复后的光谱数据集，在第 8 区 ($m_{最优} = 60$) 和第 45 区 ($m_{最优} = 30$) 模型的输出误差 E_{ave} 最小分别为 1.6107 和 1.4769，最优特征数据集的基本情况如表 5-2 所示。

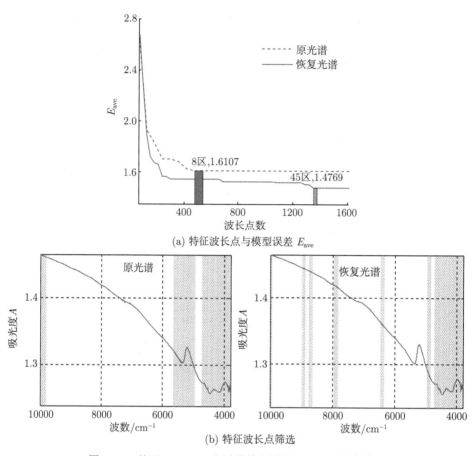

(a) 特征波长点与模型误差 E_{ave}

(b) 特征波长点筛选

图 5-15　基于 FS-SRO 方法的特征选择：3 mm 粒度等级

表 5-2　FS-SRO 方法筛选的特征数据集：3 mm 粒度等级

光谱数据集	波长点数	谱区数	总波长点数	谱区编号
原始	60	27	469	1,20~22,24~27
恢复后	30	54	409	1,10,12,19,32,45,47~54

　　基于 SRS-GA 法的特征选择将近红外光全谱区均匀地划分为 K 个谱区 (子区间)，并用二进制编码标定各谱区是否加入特征数据集参与模型训练，通过一系列遗传操作，搜索最优的谱区组合。GA 的主要参数设置为：种群大小 $M = 20$，终止代数 $G = 100$。此外，方法中谱区的划分对该方法最终的筛选结果有很大的影响，与 FS-SRO 法中 m 的搜索方法类似，在 20~80(步长为 2) 搜索最优的谱区个数 K。0.2 mm 粒度等级下原始和恢复后的光谱数据集，谱区个数 K 与 E_{ave} 的关系如图 5-16 所示；3 mm 粒度等级下原始和恢复后的光谱数据集，谱区个数 K 与 E_{ave} 的关系如图 5-17 所示。

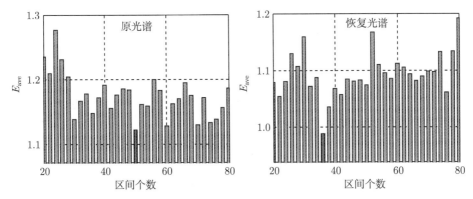

图 5-16 谱区个数 K 与 E_{ave} 关系图: 0.2 mm 粒度等级

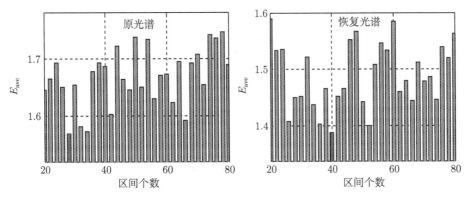

图 5-17 谱区个数 K 与 E_{ave} 关系图: 3 mm 粒度等级

从图 5-16 和图 5-17 可知, 0.2 mm 粒度等级下原始和恢复后的光谱数据集, 最优的谱区个数 K 分别为 50 和 36; 对于 3 mm 粒度等级, K 的最优值分别为 28 和 40。全谱区共 1609 个波长点, 不能被 K 整除, 因此最后一个谱区的波长点数为 $1609 - (K-1) \times m$, 其中 m 为谱区波长点个数。

当谱区个数为最优值时, 0.2 mm 粒度等级下原始和恢复后光谱数据集的适应度函数进化过程如图 5-18(a) 所示, 在 70 代左右获得最佳适应度值, 即最小 E_{ave} 分别为 1.1041 和 0.9845, 图 5-18(b) 为最优的特征数据集, 其基本情况如表 5-3 所示。

当谱区个数为最优值时, 3 mm 粒度等级下原始和恢复后光谱数据集的适应度函数进化过程如图 5-19(a) 所示, 分别在 40 和 80 代左右获得最佳适应度值, 即最小 E_{ave} 分别为 1.5971 和 1.3944, 图 5-19(b) 为最优的特征数据集, 其基本情况如表 5-4 所示。

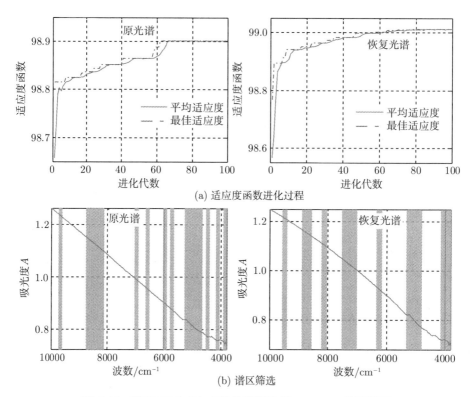

(a) 适应度函数进化过程

(b) 谱区筛选

图 5-18　基于 SRS-GA 方法的特征选择: 0.2 mm 粒度等级

表 5-3　SRS-GA 方法筛选的特征数据集: 0.2 mm 粒度等级

光谱数据集	谱区数	波长点数	总波长点数	谱区编号
原始	50	32	576	3,11~15,25,28,33,35,39~43,45,48,50
恢复后	36	44	572	3,7,8,11,15~17,22,28~30,35,36

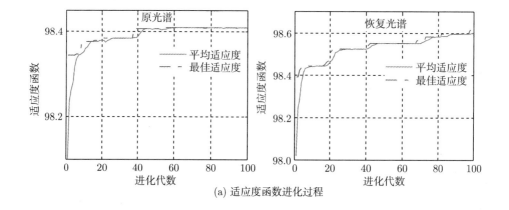

(a) 适应度函数进化过程

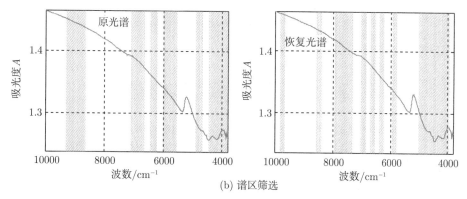

(b) 谱区筛选

图 5-19　基于 SRS-GA 方法的特征选择: 3 mm 粒度等级

表 5-4　SRS-GA 方法筛选的特征数据集: 3 mm 粒度等级

光谱数据集	谱区数	波长点数	总波长点数	谱区编号
原始	28	57	684	4~6,14,15,17,19,20,24,26~28
恢复后	40	40	680	2,3,10,14~17,20,22,24,27,33~39

从上述分析可知:

(1) 按照谱区筛选的特征数据集, 对单个波长点所携带信息的依赖程度降低, 有效地提高了方法的抗噪性, 相较于基于要点排序的特征波长点选择, 该方法具有较强的稳定性和可靠性, PLS 模型的预测精度得到了显著地提高, 其实际输出与真实值的偏差均减小了 10%, 最高减幅达 18%。

(2) 基于 FS-SRO 和 SRS-GA 法的特征选择均可对各光谱数据集全谱区进行有效压缩: 前者将各光谱数据集的维数压缩了 70% 以上, 后者压缩了 57% 以上, 但其压缩量远小于基于要点排序的特征波长点选择, 存在冗余信息消除不彻底、压缩效果较差等缺点。这是因为谱区选择是以多个连续波长点的信息为一个单位, 被选中的谱区中常常夹杂着部分冗余信息, 在特征数据集中仍然含有少量的冗余信息。

(3) 在煤质近红外光谱分析中, 与煤样各指标真实值之间缺乏相关性的某些谱区是导致模型不稳定的主要因素之一, SRS-GA 法不仅可以有效剔除无关 (冗余) 信息, 还可借助遗传算法的全局搜索能力准确逼近全局最优解, 在一定程度上克服特征选择中的 "组合爆炸" 问题。该方法所得特征数据集的代表性优于 FS-SRO 法的筛选结果, PLS 模型实际输出与真实值间偏差的减幅在 5% 左右。

(4) 在 5500~4000 cm^{-1} 范围内光谱的特征谱峰较多, 即有用特征信息的含量较高, 因此, 特征数据集的筛选结果显示在此范围内谱区被选中的概率最高。

综上所述, SRS-GA 法对各光谱数据集的特征信息筛选效果最好, 在压缩光谱数据简化模型运算复杂度的同时, 也大幅度地提高了模型的预测能力。但方法仍存在两个主要问题有待改善：① 对冗余信息的消除不够彻底；②压缩后特征数据集的维数均在 500 以上，降维效果不佳。

5.3　基于核主成分分析的光谱特征提取

主成分分析是目前最常用的一种光谱特征信息提取的方法 [66,113]，它在处理线性问题时能够取得很好的效果。然而近红外光谱煤质分析并不是简单的线性问题，因此该方法具有一定的局限性。

5.3.1　理论基础

核主成分分析 (kernel principle component analysis, KPCA) 方法是在经典的线性主成分分析的基础上，通过引入核技术，将数据映射到高维的特征空间，再利用主成分分析方法实现非线性的特征提取，以改善主成分分析在非线性数据分布情况下分析结果不理想的状况 [115]。

光谱数据集 $X_{l \times p}$ 中第 i 组光谱 $x_i = [x_{i,1}, x_{i,2}, \cdots, x_{i,p}]$，其中 $i = 1, 2, \cdots, l$。$X_{l \times p}$ 为输入空间 $\mathcal{R}^p$ 的数据集，通过非线性变换把输入 $\mathcal{R}^p$ 映射到高维特征空间：

$$\begin{cases} \boldsymbol{\Phi} : \mathcal{R}^p \to \boldsymbol{F} \\ \boldsymbol{x} \mapsto \Phi(\boldsymbol{x}) \end{cases} \tag{5-4}$$

为方便计算，假设映射数据已经中心化，定义核函数 $\boldsymbol{K} = \boldsymbol{\Phi}(\boldsymbol{X})'\boldsymbol{\Phi}(\boldsymbol{X})$，$k(\boldsymbol{x}_i, \boldsymbol{x}_j) = \Phi(\boldsymbol{x}_i)'\Phi(\boldsymbol{x}_j)$，映射在 $\boldsymbol{F}$ 中的协方差矩阵为

$$\boldsymbol{C} = \frac{1}{l} \sum_{i=1}^{l} \Phi(\boldsymbol{x}_i)\Phi(\boldsymbol{x}_j)' \tag{5-5}$$

协方差矩阵 $\boldsymbol{C}$ 的特征向量 $\boldsymbol{V}$ 和特征值 λ 满足关系式：$\boldsymbol{C}\boldsymbol{V} = \lambda \boldsymbol{V}$，其中特征向量 $\boldsymbol{V}$ 是由特征空间 $[\Phi(\boldsymbol{x}_1), \Phi(\boldsymbol{x}_2), \cdots, \Phi(\boldsymbol{x}_l)]$ 生成的子空间，则必存在 $\boldsymbol{\alpha} = [\alpha_1, \alpha_2, \cdots, \alpha_l]$ 使得

$$\boldsymbol{V} = \sum_{i=1}^{l} \alpha_i \Phi(\boldsymbol{x}_1) \tag{5-6}$$

由式 (5-6) 可得 $\boldsymbol{K}\boldsymbol{\alpha} = l\lambda\boldsymbol{\alpha}$。求解出 $\boldsymbol{\alpha}$ 后，代入式 (5-6) 中即可求得任意输入样本 $\boldsymbol{x}_r(r = 1, 2, \cdots, l)$ 在高维特征空间的非线性特征：

$$(\boldsymbol{V}, \Phi(\boldsymbol{x}_r)) = \sum_{i=1}^{l} \alpha_i k(\boldsymbol{x}_i, \boldsymbol{x}_r) \tag{5-7}$$

式 (5-4)~式 (5-7) 是在 $\sum_{i=1}^{l} \Phi(\boldsymbol{x}_i) = 0$ 成立的前提下进行的, 但这种假设在光谱数据中是不成立的, 经中心化处理后可得

$$\tilde{\boldsymbol{K}} = \boldsymbol{K} - \boldsymbol{L}\boldsymbol{K} - \boldsymbol{K}\boldsymbol{L} + \boldsymbol{L}\boldsymbol{K}\boldsymbol{L} \tag{5-8}$$

其中, $\boldsymbol{L} = (1/l)_{l \times l}$, 选择适当的核函数 $\boldsymbol{K}$, 由式 (5-8) 求出 $\tilde{\boldsymbol{K}}$ 后计算特征值 λ、$\boldsymbol{\alpha}$ 及特征向量 $\boldsymbol{V}$。选取两种常用的核函数:

(1) 多项式 (polynomial, P) 核函数, 公式如下:

$$\boldsymbol{K}(\boldsymbol{x}_r, \boldsymbol{x}_i) = [(\boldsymbol{x}_r, \boldsymbol{x}_i) + 1]^{\sigma} \tag{5-9}$$

(2) 高斯径向基 (gaussian radial base, GRB) 核函数, 公式如下:

$$\boldsymbol{K}(\boldsymbol{x}_r, \boldsymbol{x}_i) = \exp\left(-\frac{\|\boldsymbol{x}_r - \boldsymbol{x}_i\|}{2\sigma^2}\right) \tag{5-10}$$

5.3.2 结果与讨论

基于 KPCA 方法的光谱特征提取, 利用核技术将原光谱变量空间非线性映射到一个高维的特征空间, 再进行变换提取新的光谱特征信息, 主要分析引用多项式核函数的 P-KPCA 方法和高斯径向基核函数的 GRB-KPCA 方法。

在 P-KPCA 方法中, 指数 σ 的选取直接影响所提取特征信息对光谱表述的准确度。为了获得合适的 σ 值, 利用交叉验证法, 在 $1 \sim 20$ (步长为 1) 搜索最优值。在不同的 σ 值下提取 100 组训练集光谱数据的特征信息, 将前 10 个主成分作为 PLS 模型的输入变量。同 5.1 节的实验过程, 将训练集划分为 5 个子集, 以 E_{ave} 为评价参数, 寻找 E_{ave} 最小时对应的指数 σ 值, 在各光谱数据集中 P-KPCA 方法最优 σ 值的搜索过程如图 5-20 所示。

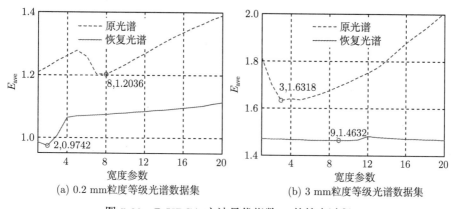

(a) 0.2 mm 粒度等级光谱数据集　　(b) 3 mm 粒度等级光谱数据集

图 5-20　P-KPCA 方法最优指数 σ 的搜索过程

对于 0.2 mm 粒度等级下原始和恢复后光谱数据集, 当指数 σ 值分别为 8 和 2 时, 模型的实际输出与真实值间的偏差 E_{ave} 最小, 分别为 1.2036 和 0.9742; 对于 3 mm 粒度等级下原始和恢复后光谱数据集, 当指数 σ 值分别为 3 和 9 时, 模型的实际输出与真实值间的偏差 E_{ave} 最小, 分别为 1.6318 和 1.4632。

在 GRB-KPCA 方法中核函数的宽度参数 σ 对获得高质量的特性数据集起着重要的作用。参照最优指数 σ 值的搜索方法, 对 0.2 mm 粒度等级光谱数据集在 0~100(步长为 2) 搜索最优宽度参数 σ 值, 搜索过程如图 5-21(a) 所示; 对 3 mm 粒度等级数据集在 0~200(步长为 4) 搜索最优宽度参数 σ 值, 过程如图 5-21(b) 所示。

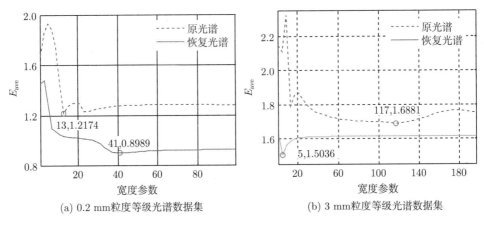

(a) 0.2 mm粒度等级光谱数据集　　　　　　(b) 3 mm粒度等级光谱数据集

图 5-21　GRB-KPCA 方法最优宽度参数 σ 值的搜索过程

对于 0.2 mm 粒度等级下原始和恢复后光谱数据集, 当宽度参数 σ 值分别为 13 和 41 时, 模型的实际输出与真实值间的偏差 E_{ave} 最小, 分别为 1.2174 和 0.8989; 对于 3 mm 粒度等级下原始和恢复后光谱数据集, 当宽度参数 σ 值分别为 117 和 5 时, 实际输出与真实值间的偏差 E_{ave} 最小, 分别为 1.6881 和 1.5036。

利用 PCA、P-KPCA(指数为最优值) 和 GRB-KPCA(宽度参数为最优值) 方法, 分别提取 117 组建模数据集 (0.2 mm 与 3 mm 粒度等级下原始和恢复后光谱数据集) 的特征信息, 前 10 个主成分的累计贡献率如表 5-5 和表 5-6 所示。

由表 5-5 与表 5-6 可知, 上述 3 种方法所提取特征信息中前两个主成分的贡献率均超过了 85%, 特征信息比较集中, 具有良好的降维效果, 各光谱数据集第一主成分 PC1 与第二主成分 PC2 的特征值分布如图 5-22~图 5-24 所示。

表 5-5   主成分累积贡献率: 0.2 mm 粒度等级

主成分	PCA 方法		P-KPCA		GRB-KPCA	
	原光谱	恢复光谱	原光谱	恢复光谱	原光谱	恢复光谱
参数	—	—	8	2	13	41
PC1	84.4728	98.1667	97.6840	98.2353	96.2508	98.2282
PC2	98.5390	99.5652	99.7725	99.5797	98.3999	99.5732
PC3	99.6536	99.8999	99.9507	99.9023	99.7483	99.8957
PC4	99.8581	99.9437	99.9800	99.9445	99.9168	99.9388
PC5	99.9624	99.9784	99.9946	99.9779	99.9488	99.9722
PC6	99.9777	99.9835	99.9967	99.9829	99.9717	99.9791
PC7	99.9817	99.9874	99.9973	99.9866	99.9854	99.9836
PC8	99.9843	99.9900	99.9976	99.9892	99.9918	99.9871
PC9	99.9856	99.9918	99.9978	99.9909	99.9935	99.9894
PC10	99.9865	99.9908	99.9979	99.9918	99.9949	99.9911

表 5-6   主成分累积贡献率: 3 mm 粒度等级

主成分	PCA		P-KPCA		GRB-KPCA	
	原光谱	恢复光谱	原光谱	恢复光谱	原光谱	恢复光谱
参数	—	—	2	9	117	5
PC1	89.5889	55.6904	90.2672	55.9843	90.2210	55.9834
PC2	99.4816	95.4316	99.5217	95.9725	99.4794	95.9710
PC3	99.8720	98.0771	99.8814	98.5920	99.8439	98.5905
PC4	99.9727	98.8569	99.9742	99.3586	99.9370	99.3575
PC5	99.9910	99.2708	99.9912	99.6191	99.9718	99.6182
PC6	99.9943	99.5313	99.9942	99.7511	99.9882	99.7503
PC7	99.9957	99.6439	99.9955	99.8381	99.9919	99.8373
PC8	99.9964	99.7365	99.9961	99.8657	99.9938	99.8649
PC9	99.9959	99.7972	99.9965	99.8788	99.9950	99.8781
PC10	99.9963	99.8363	99.9968	99.8905	99.9956	99.8899

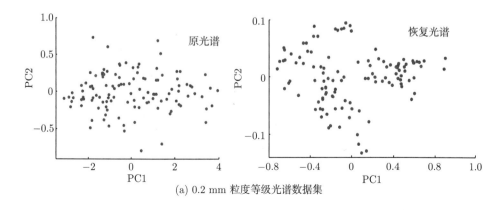

(a) 0.2 mm 粒度等级光谱数据集

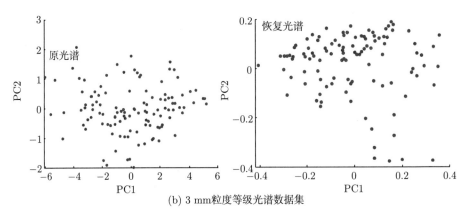

(b) 3 mm粒度等级光谱数据集

图 5-22　基于 PCA 方法的第一、第二主成分分布

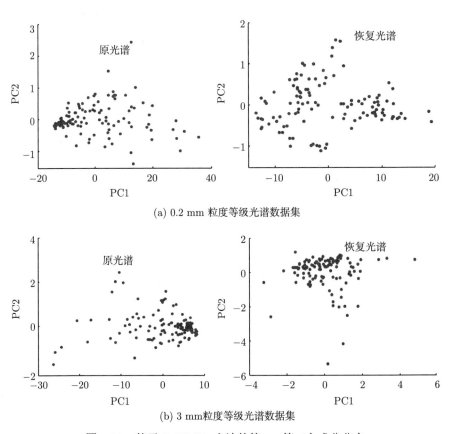

(a) 0.2 mm 粒度等级光谱数据集

(b) 3 mm粒度等级光谱数据集

图 5-23　基于 P-KPCA 方法的第一、第二主成分分布

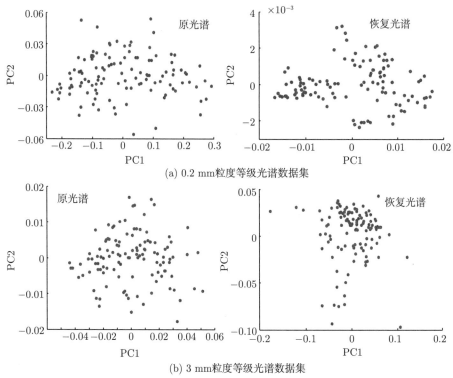

(a) 0.2 mm粒度等级光谱数据集

(b) 3 mm粒度等级光谱数据集

图 5-24　基于 GRB-KPCA 方法的第一、第二主成分分布

由于前 10 个主成分贡献率均超过了 99.8%，几乎涵盖了光谱数据的全部信息，组成的特征数据集对光谱数据集进行准确描述，即用 10 维的特征信息代替 1609 维的光谱数据。各光谱数据集的特征信息作为模型的输入，利用已构建的 PLS 模型和 GA-BP 神经网络模型对 3 种特征提取方法的有效性进行验证，17 组校正集煤样的预测结果如表 5-7 和表 5-8 所示。

表 5-7　不同特征提取方法有效性的分析对比：**0.2 mm 粒度等级**

评估参数	PCA 方法		P-KPCA		GRB-KPCA	
	原光谱	恢复光谱	原光谱	恢复光谱	原光谱	恢复光谱
E_{ave}	1.2099	0.9971	1.1707	0.9774	1.2009	0.9770
R	0.8883	0.9147	0.8909	0.9250	0.8763	0.9275
E_{RMS}	1.5763	1.2660	1.4988	1.2473	1.5690	1.2415

表 5-8　不同特征提取方法有效性的分析对比：**3 mm 粒度等级**

评估参数	PCA 方法		P-KPCA		GRB-KPCA	
	原光谱	恢复光谱	原光谱	恢复光谱	原光谱	恢复光谱
E_{ave}	1.7029	1.5370	1.6223	1.4898	1.6925	1.5241
R	0.7976	0.8110	0.8297	0.8562	0.8007	0.8411
E_{RMS}	1.9974	1.8437	1.9174	1.7406	1.9801	1.8062

　　由表 5-7 和表 5-8 可知，在 0.2 mm 粒度等级恢复光谱数据集中 GRB-KPCA 方法对应的预测结果最佳：$E_{ave} = 0.9770$（最小），$R = 0.9275$（最高），$E_{RMS} = 1.2415$（最小），但与 P-KPCA 方法相差不大，$\Delta E_{ave} = 0.0004$，$\Delta R = 0.0025$，$\Delta E_{RMS} = 0.0058$；对于其他光谱数据集 P-KPCA 方法的预测效果最好。

　　从校正集的总体预测结果上看，相较于其他特征提取方法，P-KPCA 方法提取的特征信息与各指标真实值间的相关性较强，各评价参数的结果最为稳定，该方法提取的特征信息的可信度最高。在最优状态下，校正集中煤样 7 项指标的 E_{ave} 如图 5-25 所示。

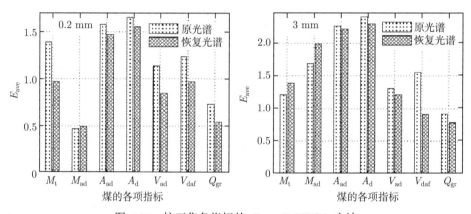

图 5-25　校正集各指标的 E_{ave}：P-KPCA 方法

　　从上述分析结果可知：

　　(1) PCA、P-KPCA 和 GRB-KPCA 等 3 种特征提取方法选用 10 个主成分就能够比较全面地表述光谱信息，光谱数据的压缩率高达 99% 以上，特征信息的维数比基于特征选择方法的少 10 倍甚至几十倍，具有显著的降维效果。

　　(2) 在对光谱数据进行大幅度压缩时，上述 3 种方法较为完整地保存了原始信息，避免了有用信息的损失量，使得特征信息与各指标真实值间保持较高的相关性，PLS 和 GA-BP 模型的预测精度与光谱数据压缩前相差不大。对于噪声含量较高的原始光谱数据，其预测精度明显高于压缩前，由此可看出，方法不仅具有较强的抗噪性和稳定性，在一定程度上还可消除噪声干扰的影响，提高了特征数据集的准确度和可信度。

　　(3) 尽管传统的 PCA 方法可实现光谱数据的有效压缩，但无法如实反映光谱数据间非线性关系。而 KPCA 方法利用核函数，通过一个非线性变换将光谱数据映射到高维的特征空间，可获得光谱数据较为准确和稳定的表达方式，提高了特征信息与各指标真实值间的相关性。

(4) 对于引用多项式核函数与高斯径向基核函数的 KPCA 方法，P-KPCA 方法获得的前 10 个主成分的累积贡献率较高，即特征信息对光谱数据描述较为完整，因而对应预测结果的准确性和稳定性较好。

综上所述，相较于传统的 PCA 方法，KPCA 方法提取特征信息的准确性和可靠性较高，其中 P-KPCA 方法更适用于煤质近红外光谱分析技术中。

5.4　基于局部多维尺度变换的光谱特征提取

5.4.1　多维尺度变换

多维尺度 (multi-dimensional scaling, MDS) 变换是一种非监督的线性降维方法，基本思想是将样本间的欧式距离转化为内积矩阵，求解内积矩阵的特征值及其特征向量，通过适当定义准则函数来获取低维几何表示。MDS 变换的基本要求是降维后的低维空间中任意两样本间的欧式距离应尽量与其在原始空间上的欧氏距离相等 [116,117]。MDS 变换的数学分析模型分析如下。

假设高维观测数据集 $\boldsymbol{X} = [\boldsymbol{x}_1, \boldsymbol{x}_2, \cdots, \boldsymbol{x}_n]$，$\boldsymbol{x}_i \in \mathbf{R}^D$，其低维观测数据集 $\boldsymbol{F} = [f_1, f_2, \cdots, f_n]$，$f_i \in \mathbf{R}^G$，两样本集 $\boldsymbol{X}$、$\boldsymbol{F}$ 中任意两样本间的欧式距离 $d_{xij} = \|x_i - x_j\|$，$d_{fij} = \|f_i - f_j\|$，则 MDS 变换的基本思想可转化为求以下目标函数 $\phi(\boldsymbol{F})$ 的最小值。

$$\phi(\boldsymbol{F}) = \sum_{i,j} (d_{xij} - d_{yij})^2 \tag{5-11}$$

记低维观测数据集的距离矩阵的平方为 $\boldsymbol{D}_F$：

$$D_{Fij} = d_{fij}^2 = \|f_i - f_j\|^2 = f_i^{\mathrm{T}} f_i - 2f_i^{\mathrm{T}} f_j + f_j^{\mathrm{T}} f_j \tag{5-12}$$

$$\boldsymbol{D}_F = (D_{Fij})_{n \times n} = \boldsymbol{\alpha} e^{\mathrm{T}} - 2\boldsymbol{F}^{\mathrm{T}} \boldsymbol{F} + e \boldsymbol{\alpha}^{\mathrm{T}} \tag{5-13}$$

其中，$i, j = 1, 2, \cdots, n$；$\boldsymbol{\alpha} = (f_1^{\mathrm{T}} f_1, f_2^{\mathrm{T}} f_2, \cdots, f_n^{\mathrm{T}} f_n)$；$e_k$ 为 $n \times 1$ 的全 1 列向量，即 $e_k = [1, 1, \cdots, 1]^{\mathrm{T}}$。

设中心化矩阵 $\boldsymbol{A} = \boldsymbol{I} - \dfrac{1}{n} e e^{\mathrm{T}}$，通过中心化矩阵 $\boldsymbol{A}$ 对平方距离矩阵 $\boldsymbol{D}_F$ 进行双边中心化可得

$$\boldsymbol{A} \boldsymbol{D}_F \boldsymbol{A} = \boldsymbol{A} \left(\boldsymbol{\alpha} e^{\mathrm{T}} - 2\boldsymbol{F}^{\mathrm{T}} \boldsymbol{F} + e \boldsymbol{\alpha}^{\mathrm{T}} \right) \boldsymbol{A} = -2\boldsymbol{F}^{\mathrm{T}} \boldsymbol{F}, \quad e^{\mathrm{T}} \boldsymbol{A} = 0 \tag{5-14}$$

$$-\frac{1}{2} \boldsymbol{A} \boldsymbol{D}_F \boldsymbol{A} = \boldsymbol{F}^{\mathrm{T}} \boldsymbol{F} \tag{5-15}$$

由式 (5-15) 可知，求低维数据集 F 可转化为求矩阵 $H = \dfrac{1}{2} \boldsymbol{A} \boldsymbol{D}_F \boldsymbol{A}$ 的特征分解问题。记 $\boldsymbol{H} = \boldsymbol{U} \boldsymbol{\Lambda} \boldsymbol{U}^{\mathrm{T}}$，$\boldsymbol{U}$ 为单位特征向量矩阵，$\boldsymbol{\Lambda}$ 为特征值构成的对角矩阵，则由式 (5-15) 可得低维观测数据集 $\boldsymbol{F} = \sqrt{\boldsymbol{\Lambda}} \boldsymbol{U}^{\mathrm{T}}$。

MDS 变换算法的实现步骤如下。

输入：光谱数据集 $\boldsymbol{X}_{l \times p} = [\boldsymbol{x}_1, \boldsymbol{x}_2, \cdots, \boldsymbol{x}_l]$，第 i 组光谱数据 $\boldsymbol{x}_i = [x_{i,1}, x_{i,2}, \cdots, x_{i,p}]$ $(\boldsymbol{x}_i \in \boldsymbol{X}_{l \times p}, i = 1, 2, \cdots, l, p = 1609)$。

步骤 1：计算距离矩阵 $\boldsymbol{D} = [d(\boldsymbol{x}_i, \boldsymbol{x}_j)]_{l \times l}$，任意两样本 $\boldsymbol{x}_i$ 与 $\boldsymbol{x}_j$ 之间的欧氏距离表示为

$$d(\boldsymbol{x}_i, \boldsymbol{x}_j) = \sqrt{\sum_{k=1}^{p} (x_{ik} - x_{jk})^2}$$

步骤 2：构造矩阵 $\boldsymbol{C} = [c(\boldsymbol{x}_i, \boldsymbol{x}_j)]_{l \times l} = (c_{i,j})_{l \times l}$

$$c_{i,j} = \left[-1/2 \boldsymbol{d}^2(\boldsymbol{x}_i, \boldsymbol{x}_j) \right]$$

步骤 3：构造中心化内积矩阵 $\boldsymbol{H} = (h_{i,j})_{l \times l}$

$$h_{i,j} = c_{i,j} - \frac{1}{l} \sum_{i=1}^{l} c_{i,j} - \frac{1}{l} \sum_{j=1}^{l} c_{i,j} + \frac{1}{l^2} \sum_{i=1}^{l} \sum_{j=1}^{l} c_{i,j}$$

步骤 4：计算矩阵 $\boldsymbol{H}$ 的特征值及最大的 d 个值所对应的特征向量，并将其进行单位化，构成的矩阵 $\boldsymbol{U}_d$ 则为低维嵌入的结果。

5.4.2　局部多维尺度变换

2006 年，Li Yang 在经典 MDS 变换的基础上，提出了局部多维尺度 (local multi-dimensional scaling, LMDS) 变换。LMDS 变换算法利用 MDS 变换算法在局部近邻内保持其高维数据的欧式特征，得到局部低维坐标，经局部仿射变换后排列成全局低维嵌入坐标 [118,119]。

LMDS 变换算法中的具体实现步骤如下。

输入：光谱数据集 $\boldsymbol{X}_{l \times \mathrm{p}}$ 中第 i 组光谱 $\boldsymbol{x}_i = [x_{i,1}, x_{i,2}, \cdots, x_{i,p}]$，其中 $i = 1, 2, \cdots, l$。

步骤 1：选取局部近邻。对于任一样本点 $\boldsymbol{x}_i$，记近邻数据集 $\boldsymbol{N}_i = [\boldsymbol{x}_{i1}, \boldsymbol{x}_{i2}, \cdots, \boldsymbol{x}_{ik}]$ 为包含样本点 $\boldsymbol{x}_i$ 在内的 k 个近邻。

步骤 2：计算每个局部邻域 $\boldsymbol{N}_i$ 中任意两点的欧氏距离 d_{ist}，构造 k 阶平方距离矩阵 $\boldsymbol{D}_i = [d_{\mathrm{ist}}^2]_{k \times k}$。

步骤 3：将局部距离矩阵 D_i 中心化

$$H_i = -\frac{1}{2}\left(I - \frac{1}{k}e_k e_k^{\mathrm{T}}\right) D_i \left(I - \frac{1}{k}e_k e_k^{\mathrm{T}}\right)$$

其中，I 为 k 阶单位矩阵；e_k 为 $k \times 1$ 的全 1 列向量，即 $e_k = [1,1,\cdots,1]^{\mathrm{T}}$。

步骤 4：计算每个局部邻域 N_i 在局部等距特征空间的投影。按照 MDS 变换中步骤 3 的方法获得局部低维坐标，将各局部坐标排列合成全局低维坐标。

5.4.3 结果与讨论

利用 MDS 变换与 LMDS 变换分别对原光谱、经 K-MC-LOO-CV 处理以及经 MD-IC 处理后的光谱进行数据压缩降维，提取特征信息，前 8 个主成分 PC1~PC8 的累计贡献率如表 5-9 所示。经 MDS 变换与 LMDS 变换算法进行数据压缩后，特征信息中前两个主成分 PC1、PC2 的累计贡献率均超过了 99%，且经 LMDS 变换降维后的光谱特征信息更为集中，降维效果较 MDS 变换有所提高。

表 5-9 基于 MDS 变换和 LMDS 变换算法的主成分累计贡献率

主成分	MDS			LMDS		
	原光谱	K-MC-LOO-CV	MD-IC	原光谱	K-MC-LOO-CV	MD-IC
PC1	87.4660	87.3128	97.7822	87.5230	89.4326	97.8102
PC2	99.6886	99.7028	99.7470	99.5896	99.8221	99.8300
PC3	99.9640	99.9663	99.9431	99.9461	99.9675	99.9432
PC4	99.9859	99.9860	99.9726	99.9793	99.9894	99.9736
PC5	99.9946	99.9947	99.9900	99.9946	99.9930	99.9900
PC6	99.9958	99.9959	99.9923	99.9959	99.9959	99.9938
PC7	99.9968	99.9969	99.9941	99.9968	99.9968	99.9946
PC8	99.9976	99.9976	99.9956	99.9980	99.9981	99.9962

将经 MDS 变换与 LMDS 变换算法降维处理后的 3 种光谱数据集 (原光谱、经 K-MC-LOO-CV 处理以及经 MD-IC 处理后的光谱) 分别建立 BP 神经网络模型与 PLS 模型，各组分 (水分、灰分、挥发分、全硫分) 的平均预测误差如图 5-26 所示，各模型性能评估参数如表 5-10 所示。

实验结果表明，LMDS 变换算法适用于煤样光谱数据降维，分析模型中水分、灰分、挥发分及全硫分的平均预测误差分别由 0.0123、0.0261、0.0148、0.0155 降至 0.0059、0.0218、0.0089、0.0048。

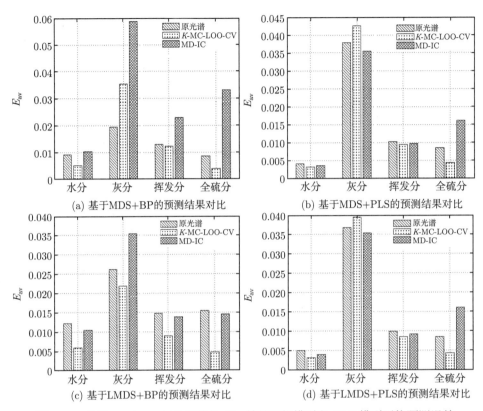

图 5-26　基于 MDS、LMDS 变换的 BP 神经网络模型和 PLS 模型平均预测误差

表 5-10　MDS 与 LMDS 变换的 BP 神经网络模型和 PLS 模型评估参数

降维方法	PLS		BP	
	R^2	E_{RMS}	R^2	E_{RMS}
原光谱 +MDS	0.9791	0.0213	0.9911	0.0156
K-MC-LOO-CV+MDS	0.9779	0.0225	0.9798	0.0212
MD-IC+MDS	0.9783	0.0215	0.9184	0.0390
原光谱 +LMDS	0.9750	0.0224	0.9870	0.0183
K-MC-LOO-CV+LMDS	0.9789	0.0223	0.9811	0.0188
MD-IC+LMDS	0.9710	0.0220	0.9738	0.0277

5.5　基于局部线性嵌入算法的光谱特征提取

5.5.1　理论基础

2000 年，Sam Roweis 等在 *Science* 上提出了一种非线性降维方法，即局部线性嵌入 (local linear embedding, LLE) 算法。LLE 算法的基本思想是将非线性数据

集分成若干小数据集，利用局部线性来逼近整体的拓扑结构 (算法中涉及的距离均采用欧氏距离)[120,121]。LLE 算法的使用必须满足稠密采样与局部线性两点要求，由煤样数据采集的相关介绍可知，煤样光谱恰好符合这些要求。

LLE 算法的实现过程如下。

输入: 光谱数据集 $\boldsymbol{X}_{l \times p} = [\boldsymbol{x}_1, \boldsymbol{x}_2, \cdots, \boldsymbol{x}_l]$，第 i 组光谱数据 $\boldsymbol{x}_i = [x_{i,1}, x_{i,2}, \cdots, x_{i,p}]$ $(\boldsymbol{x}_i \in \boldsymbol{X}_{l \times p}, i = 1, 2, \cdots, l, p = 1609)$。

步骤 1: 寻找每个样本点 $\boldsymbol{x}_i$ 的 k 个近邻，计算任意两样本 $\boldsymbol{x}_i$ 与 $\boldsymbol{x}_j$ 间的欧氏距离 d_{ij}，得到样本 $\boldsymbol{x}_i$ 的 k 个距离最近的样本点记为 g_j 的 k 个近邻点。

步骤 2: 计算样本点局部重构的权值矩阵 $\boldsymbol{W}$，定义误差函数为

$$\min \varepsilon(\boldsymbol{W}) = \sum_{i=1}^{l} \left(\boldsymbol{x}_i - \sum_{j=1}^{k} w_{ij} g_j\right)^2$$

其中，g_j 为 $\boldsymbol{x}_i$ 的 k 个近邻点 $(j = 1, 2, \cdots, k)$，w_{ij} 为 $\boldsymbol{x}_i$ 与 g_j 间的权值系数，且满足 $\sum_{j=1}^{k} w_{ij} = 1$。可将低维映射问题转换为求解约束最小二乘问题。

步骤 3: 将样本集 $\boldsymbol{X}_{l \times p}$ 进行低维映射

$$\min \varphi(\boldsymbol{Y}) = \sum_{i=1}^{l} \left(\boldsymbol{y}_i - \sum_{j=1}^{k} w_{ij} h_j\right)^2$$

其中，$\varphi(\boldsymbol{Y})$ 表示损失函数；$\boldsymbol{y}_i$ 为 $\boldsymbol{x}_i$ 的输出向量；权 h_j 为 $\boldsymbol{y}_i$ 的 k 个近邻点。

步骤 4: 结合拉格朗日乘子 $\boldsymbol{L}(\boldsymbol{Y})$ 与约束条件，为使损失函数最小，令 $\frac{\partial \boldsymbol{Y}}{\partial \boldsymbol{L}} = 0$。

步骤 5: 将矩阵 $\boldsymbol{M}$ 进行特征分解，并将其特征值升序排列，则 $\boldsymbol{M}$ 的前 d 个最小非零特征值所对应的特征向量则为 $\boldsymbol{Y}$ 的低维嵌入。

由 LLE 算法的实现过程可知，算法在实现低维嵌入时，不需要进行迭代，只需计算稀疏矩阵特征值即可，简单易行。此外，该算法还具有解析的全局最优性等优点。

5.5.2　结果与讨论

利用 LLE 算法分别对原光谱、经 K-MC-LOO-CV 处理以及经 MD-IC 处理后的光谱进行数据压缩降维，提取特征信息，前 7 个主成分 PC1~PC7 的贡献率分布图如图 5-27 所示。

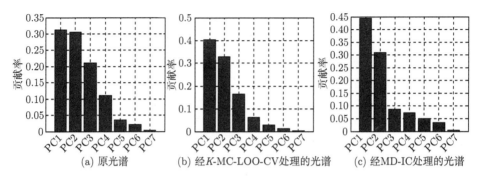

图 5-27　基于 LLE 算法的贡献率分布图

　　前 7 个主成分的累计贡献率如表 5-11 所示，原光谱、经 K-MC-LOO-CV 及经 MD-IC 处理后的光谱，使用 LLE 算法进行特征提取后，前 7 个主成分的累计贡献率均超过了 99.9%，表明利用该方法提取的前 7 个特征信息几乎代表了原始光谱数据的全部信息，即可用前 6 维的特征数据集代替原始光谱的 1609 维数据。

表 5-11　基于 LLE 算法的累计贡献率　　　　　　　　　　（单位：%）

主成分	PC1	PC2	PC3	PC4	PC5	PC6	PC7
原光谱 +LLE	31.1606	61.7352	82.8277	93.8225	97.3639	99.5397	99.9050
K-MC-LOO-CV+LLE	40.3329	73.1894	89.4855	95.6250	98.4479	99.6323	99.9989
MD-IC+LLE	44.3412	75.2017	83.8898	91.1520	96.1226	99.5555	99.9720

　　将 3 种状态下压缩后的光谱特征数据集作为模型的输入，利用已构建的 BP 神经网络模型与 PLS 模型对基于 LLE 算法的特征提取方法的有效性进行验证，各模型中均采用相同的 23 组测试集煤样，平均预测误差如图 5-28 所示，相关系数与均方根误差如表 5-12 所示。

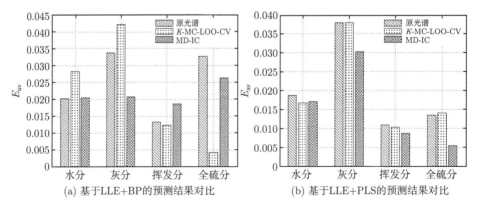

图 5-28　基于 LLE 算法的 BP 神经网络/PLS 模型的平均预测误差

表 5-12   LLE+BP 神经网络/PLS 模型评价结果

降维样本	PLS		BP	
	R^2	E_{RMS}	R^2	E_{RMS}
原光谱 +LLE	0.970229	0.025811	0.958053	0.030397
K-MC-LOO-CV+LLE	0.974100	0.023199	0.952275	0.029285
MD-IC+LLE	0.982075	0.023017	0.981420	0.026280

由图 5-28 和表 5-12 可知，MD-IC+LLE+PLS 的组合预测效果最佳，水分、灰分、挥发分、全硫分的平均预测误差分别由 0.0188、0.0380、0.0110、0.0135 下降至 0.0171、0.0302、0.0087、0.0054，均方根误差和测试集决定系数也有所改善。

5.6 本 章 小 结

为了消除光谱中的冗余信息，实现光谱数据的有效压缩，降低模型的运算复杂度，本章主要研究基于要点排序法的波长点向前选择、基于优化组合法的谱区选择和基于核主成分分析方法的光谱特征提取等内容。

(1) 基于要点排序的波长点向前选择首先对各波长点的重要性进行排序，然后以单个波长点为单位依次筛选有用信息，特征数据的维数均小于 250，光谱数据的压缩量在 85% 以上。但由于该方法采用逐点筛选的方式，其抗噪声干扰的能力较差，且大多数情况下得到的特征集合不是最优解，因此所选特征数据集的稳定性和可靠性较差。

(2) 基于优化组合法的谱区选择主要包括基于谱区排序法的向前选择和基于遗传算法的谱区选择。前者，先对各谱区的重要性进行排序，然后利用向前选择法依次筛选有用谱区；后者，借助遗传算法的全局搜索能力，获得最优的谱区组合，相应特征数据集的质量高于前者。由于上述谱区方法对单个波长点所携带信息的依赖程度降低，其抗噪性和稳定性得到有效的提高。但方法仍存在一些问题：以谱区为单位的筛选方式对冗余信息的消除不够彻底；特征数据的维数约是逐点选择方法的 2 倍以上，最高维数达 684，光谱数据的最小压缩量小于 60%，降维效果不佳。

(3) 基于核主成分分析方法的光谱特征提取先利用核函数将光谱数据映射到高维的特征空间，再利用主成分分析法提取特征信息，更加准确完整地表述光谱数据携带的所有信息。前 10 个主成分的贡献率几乎在 99.9% 以上，信息损失量甚微，特征信息与各指标真实值间保持着良好的相关性，具有较高的准确度和可信度。此时，光谱数据的压缩量高达 99.38%，降维效果十分显著。

(4) 基于局部多尺度变换和局部线性嵌入的光谱特征提取，均能实现数据的有效压缩，对应的前 3、7 维的特征数据集的累计贡献率均超过 99.9%。

　　从上述分析对比中可知，核主成分分析方法 (多项式核函数) 提取的特征信息不仅具有较高的准确度和可信度，还能对光谱数据进行高倍压缩，对处理煤样光谱数据具有较强的适用性。因此，将其用于压缩光谱数据，能够有效地降低分析模型的运算复杂度，提高模型的学习速度。

第6章 煤质近红外光谱定量分析模型

煤质近红外光谱分析技术可大致分为基于各理论与方法的建模数据处理和定量分析两部分研究内容。建模数据处理主要包括光谱数据的优化和校正 (第 3 章)、光谱数据的恢复去噪 (第 4 章) 和光谱数据的筛选压缩 (第 5 章)，用于获得准确、可信的建模数据，是 NIRS 成功应用于煤质分析的基础；定量分析 (回归预测) 根据煤样光谱数据与其各项指标参数间存在的内在联系，通过建立两者之间的数学模型 (定量关系)，利用数学方法不断地逼近它们间的复杂对应关系，以获得未知煤样各项指标的预测值 (质量参数)，是分析结果有效性与可靠性的直接体现。

6.1 基于支持向量回归机的定量分析模型

煤炭的近红外光谱的回归预测属于典型的小样本、非线性、高维数据建模问题，基于支持向量回归机的近红外光谱定量分析模型处理这一问题具有一定的优越性 [122,123]。

6.1.1 理论基础

支持向量回归机 (support vector regression，SVR) 模型 [124] 中，对于样本集 $\{(\boldsymbol{x}_1, \boldsymbol{y}_1), \cdots, (\boldsymbol{x}_m, \boldsymbol{y}_m) \in (\mathbf{R}^n \times \mathbf{R})\}$ 线性求解问题，拟合函数可以表示为

$$f(\boldsymbol{x}) = \boldsymbol{w} \cdot \boldsymbol{x} + \boldsymbol{b} \tag{6-1}$$

其中，$\boldsymbol{w}$ 为系数向量，$\boldsymbol{w} \in \mathbf{R}^n$；$(\cdot)$ 为内积计算符号；$\boldsymbol{b}$ 为常数向量，$\boldsymbol{b} \in \mathbf{R}$。SVR 的任务就是使得实际值与拟合值之间的误差达到最小，因此式 (6-1) 的求解可以转化为下面的凸二次优化问题：

$$\text{Minimise} \quad R(\boldsymbol{\omega}, \xi, \xi^*) = \frac{1}{2}\boldsymbol{w}^{\mathrm{T}}\boldsymbol{w} + C\sum_{i=1}^{m}(\xi_i + \xi_i^*)$$

$$\text{subject to} \quad \begin{array}{ll} f(x_i) - y_i \leqslant \xi_i + \varepsilon & \\ y_i - f(x_i) \leqslant \xi_i^* + \varepsilon, & i = 1, 2, \cdots, m \\ \xi_i^*, & \xi_i \geqslant 0 \end{array} \tag{6-2}$$

其中，ξ_i 和 ξ_i^* 分别为上限松弛因子和下限松弛因子；ε 规定了拟合函数的误差范围；C 为惩罚因子，用来平衡模型复杂度与训练误差；$R(\boldsymbol{\omega}, \xi, \xi^*)$ 最小化可以使得拟合函数更光滑，提高泛化性能，并减小拟合误差。

引入拉格朗日函数, 对式 (6-2) 进行求解:

$$\text{Minimise} \quad \boldsymbol{L}(\boldsymbol{\omega}, \boldsymbol{b}, \xi, \xi^*, a, a^*, \gamma, \gamma^*)$$

$$= \frac{1}{2}\boldsymbol{\omega} \cdot \boldsymbol{\omega} + C\sum_{i=1}^{m}(\xi_i + \xi_i^*) - \sum_{i=1}^{m}a_i[\xi_i + \varepsilon - y_i + f(x_i)]$$

$$- \sum_{i=1}^{m}a_i^*[\xi_i + \varepsilon - y_i + f(x_i)] - \sum_{i=1}^{m}(\xi_i\gamma_i + \xi_i^*\gamma_i^*)$$

$$\text{subject} \quad \text{to} \quad a, a^* \geqslant 0; \quad \gamma, \gamma^* \geqslant 0; \quad i = 1, 2, \cdots, m \tag{6-3}$$

分别对 $\boldsymbol{\omega}$, b, ξ_i, ξ_i^* 求偏导, 并令其为 0, 即

$$\frac{\partial \boldsymbol{L}}{\partial \boldsymbol{\omega}} = 0, \quad \frac{\partial \boldsymbol{L}}{\partial \boldsymbol{b}} = 0, \quad \frac{\partial \boldsymbol{L}}{\partial \xi_i} = 0, \quad \frac{\partial \boldsymbol{L}}{\partial \xi_i^*} = 0 \tag{6-4}$$

求解后将结果代入式 (6-3), 化简得到:

$$\text{Minimise} \quad W(\alpha, \alpha^*) = \frac{1}{2}\sum_{i,j=1}^{m}(\alpha_i - \alpha_i^*)(\alpha_j - \alpha_j^*)(x_i \cdot x_j)$$

$$- \sum_{i=1}^{m}(\alpha_i - \alpha_i^*)y_i + \sum_{i=1}^{m}(\alpha_i + \alpha_i^*)\varepsilon$$

$$\text{subject} \quad \text{to} \quad \boldsymbol{\omega} = \sum_{i=1}^{m}(a_i - a_i^*)x_i, \quad 0 \leqslant a, \quad a^* \leqslant C, \quad i = 1, 2, \cdots, m \tag{6-5}$$

根据 Kuhn-Tucker 定理, 式 (6-5) 若有最优解, 则其最优点的拉格朗日因子与约束乘积为 0, 即

$$\alpha_i^*[\xi_i + \varepsilon - y_i + f(x_i)] = 0 \tag{6-6}$$

$$\alpha_i[\xi_i + \varepsilon - y_i + f(x_i)] = 0 \tag{6-7}$$

$$\xi_i^*\gamma_i = \xi_i^*(C - \alpha_i^*) = 0 \tag{6-8}$$

$$\xi_i\gamma_i = \xi_i(C - \alpha_i) = 0 \tag{6-9}$$

结合式 (6-6)~式 (6-9) 可以推导出: $\alpha_i^*\alpha_i = 0$。ε 越大, 则相应的支持向量个数越少, 同时函数的估计预测精度越低。

式 (6-1) 中 b 值由式 (6-10) 确定:

$$\boldsymbol{b} = \frac{1}{n_{\text{NSV}}}\left\{\sum_{0 < \alpha_i < C}\left[y_i - \sum_{x_j \in \text{SV}}(\alpha_j - \alpha_j^*)\,x_j \cdot x_i - \varepsilon\right]\right.$$

$$+ \sum_{0 < \alpha_i^* < C} \left[y_i - \sum_{x_j \in \mathrm{SV}} \left(\alpha_j - \alpha_j^* \right) x_j \cdot x_i + \varepsilon \right] \right\} \tag{6-10}$$

其中，n_{NSV} 为标准支持向量个数。至此，对于线性问题，回归模型可表示为

$$f(x_i) = \sum_{x_j \in \mathrm{SV}} \left(\alpha_j - \alpha_j^* \right) x_j \cdot x_i + \boldsymbol{b} \tag{6-11}$$

支持向量机用于近红外光谱分析时，主要研究以下 2 种核函数：

(1) 多项式核函数：d 为参数

$$K(x_i, x_j) = (x_i \cdot x_j + 1)^d$$

(2) 高斯径向基 (GRB) 核函数：g 为参数

$$K(x_i, x_j) = \exp(-g \cdot \|x_i - x_j\|^2)$$

目前对于如何选择核函数尚没有统一的说法，对于不同问题，相同的核函数会产生不同的效果。实际应用中，通常采取实验对比验证来进行选择。SVR 模型的结构如图 6-1 所示。

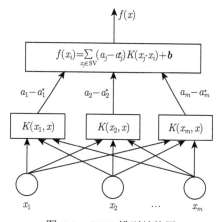

图 6-1 SVR 模型结构图

6.1.2 模型参数优化

在用支持向量回归机进行建模时，惩罚系数 C 与核函数参数 (这里用 p 表示) 的选取至关重要，只有选取合适的参数才能得到比较理想的模型。实验在 K 折交叉验证 (K-fold cross validation, K-CV) 的基础上进行参数的优化，这样可以防止过学习或者欠学习的发生。常用参数优化算法有网格寻优法 (grid search)、启发式寻优算法等 [125−127]。

网格寻优法是一种限定范围内的 2 维穷举法,将惩罚系数 C 与核函数参数 p 限定在一定的范围内,并以一定的步长变化。逐一选取每种组合,并用 K-CV 计算出训练误差,即内部交叉验证均方误差 (mean-square error by cross validation, MSECV)。选取可以使训练误差最小的组合作为 C 和 p 的取值。

网格寻优法算法的实现步骤如下。

步骤 1:设定 C 和 p 的取值范围分别为 $[2^{c\min}, 2^{c\max}]$, $[2^{p\min}, 2^{p\max}]$,步长分别为 l_1、l_2;

步骤 2:初始化参数;

步骤 3:采用 K-CV 方法,将训练样本分为 k 组,分别记作 train(1), train(2), $\cdots$, train(k);

For $i = 1 : k$

步骤 4:将 train(i) 作为验证集,其余样本作为训练集;

步骤 5:训练 SVR 网络,并计算 E_{RMS},记作 $E_{\mathrm{RMS},i}$;

步骤 6:$i = i + 1$,返回步骤 4 执行,计算并记录 $E_{\mathrm{RMS},Cp}$,并记录此时 C 和 p 的取值,其中 $E_{\mathrm{RMS},Cp} = \dfrac{1}{k} \sum\limits_{i=1}^{k} E_{\mathrm{RMS},i}$;

End

步骤 7:$C = 2^{c\min+l_1}$, $p = 2^{p\min+l_2}$,若 $C \leqslant 2^{c\max}$, $p \leqslant 2^{p\max}$,返回步骤 2 执行;

步骤 8:比较所有 $E_{\mathrm{RMS},Cp}$,选取最小的 $E_{\mathrm{RMS},Cp}$ 对应的 C 和 p 作为最佳取值。

用 PSO 算法进行 SVR 的参数寻优过程如图 6-2 所示。

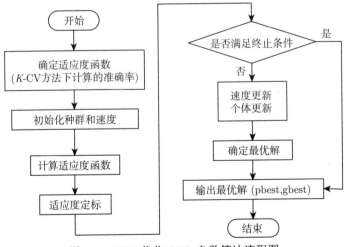

图 6-2　PSO 优化 SVR 参数算法流程图

6.1.3 结果与讨论

建立煤质近红外光谱的 SVR 模型，需要选取适当的核函数及相应的参数，实验通过交叉验证意义下的训练均方误差 E_{RMS} 对不同核函数进行评价，E_{RMS} 越小，则认为模型越好。

6.1.3.1 核函数选取

利用多项式核函数和 GRB 核函数分别建立水分的 SVR 模型，通过对比模型性能来确定最佳核函数。一般情况下，多项式核函数的参数 d 对模型影响不大，且 d 的取值不宜过大，这里取折中，设 $d = 3$。对于多项式核函数只需考虑惩罚因子 C 对模型的影响，具体结果如图 6-3 所示。可以看出，当 $C = 32$ 时，训练均方根误差 E_{RMS} 达到最小值 0.0717。

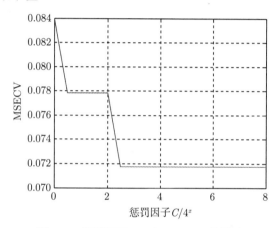

图 6-3 惩罚因子 C 对 MSECV 的影响

对于 GRB 核函数，需要同时考虑惩罚因子 C 和参数 g。采用网格寻优法得到最优解为 $C = 6.9644$，$g = 0.035897$ 时，$E_{RMS} = 0.015329$。需要强调的是，这里的 E_{RMS} 是原始数据真实值经过归一化处理后与相应的预测值之间的均方根误差，并不是原始数据真实值与预测值之间的均方根误差，此时根据 C 和 g 的取值计算得到训练样本原始数据的均方根误差 E_{RMS} 为 6.0125×10^{-6}。对比之后可以看出，利用 GRB 核函数构造的 SVR 模型性能更好。

6.1.3.2 模型参数优化

设 $C \in [2^{-10}, 2^{10}]$，$g \in [2^{-10}, 2^{10}]$，这里 $g = \dfrac{1}{\sigma^2}$，其中 σ 为 GRB 核函数的宽度，步长均为 1，进行 4 折交叉验证，筛选结果如图 6-4 所示。

根据图 6-4 大致确定并缩小 C 和 g 最优解的取值范围，使 $C \in [2^0, 2^6]$，$g \in [2^{-7}, 2^{-4}]$，步长均为 0.2，进行更为精细的第二次网格寻优，结果如图 6-5 所示。从图中可以看出，会有不同的 C 和 g 对应相同的 MSECV。一般认为，惩罚系数值较大时，虽然能够提高训练集预测性能，但会造成过学习，降低模型的泛化能力，因此这里取惩罚系数 C 最小的那个点作为最优解。

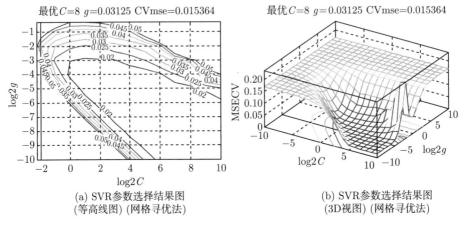

(a) SVR参数选择结果图
(等高线图) (网格寻优法)

(b) SVR参数选择结果图
(3D视图) (网格寻优法)

图 6-4　网格粗选结果

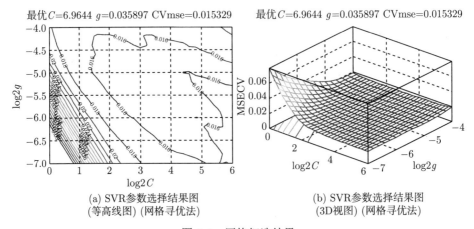

(a) SVR参数选择结果图
(等高线图) (网格寻优法)

(b) SVR参数选择结果图
(3D视图) (网格寻优法)

图 6-5　网格细选结果

选取交叉验证意义下的均方根误差 E_{RMS} 作为适应度函数，具体实现时，E_{RMS} 越小，表示粒子越好。其余主要参数设置如下：速度更新参数 C_1：1.5；速度更新参数 C_2：1.7；进化代数：200；初始种群大小：20。经过 PSO 参数寻优后，最终的适应度函数进化曲线如图 6-6 所示。

对比网格寻优法和 PSO 算法，可以看出 PSO 算法得到的参数更优，E_{RMS} 从 0.015329 降到 0.013515，建立的 SVR 模型的预测精度更高。图 6-7 为用 PSO 算法得到的参数建立的水分模型。通过 PSO 参数寻优后，灰分和挥发分 SVR 模型的

惩罚系数 C 分别为 20.6222、1.1121，核参数 g 分别为 1.747、0.039866。

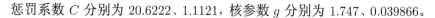

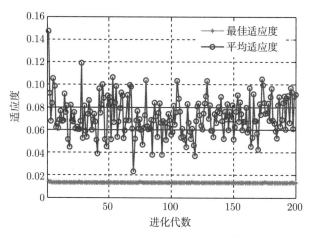

图 6-6　PSO 适应度函数进化曲线

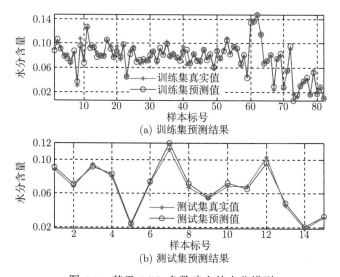

图 6-7　基于 PSO 参数建立的水分模型

6.1.3.3　SVR 模型预测结果分析

将处理后的煤样光谱数据作为 SVR 定量分析模型的输入，分析模型的预测结果如图 6-8 所示。

经过实验验证，得出以下结论：

(1) GRB 核函数更适合煤质近红外光谱分析建模，对于水分、灰分和挥发分的 SVR 定量分析模型，当惩罚系数 C 分别为 27.4871、20.6222 和 1.1121，核参数 g 分别为 0.01、1.747 和 0.039866 时，模型性能达到最优。

(2) 启发式寻优算法 PSO 比基于遍历寻优的网格算法更适合于 SVR 的参数寻优，但缺点是不能保证每次运行结果都是最优结果，需要运行多次，取其中最好的一次作为结果。

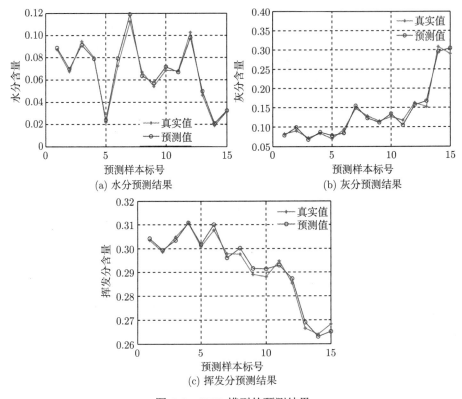

图 6-8　SVR 模型的预测结果

6.2　基于分层随机森林的煤质近红外光谱定量分析

随机森林 (random forest，RF) 是基于统计学习的集成算法，该算法首先有放回地从原始样本集中随机抽取多个样本构成抽样子集，然后在每个抽样子集上构建基分类器 (决策树)，最后通过投票或求平均值的方式汇总基分类器的结果，得出 RF 的分类或回归结果[128]。RF 算法主要由 3 部分组成：一是抽样得到新的样本子集；二是构建森林中每一棵决策树；三是汇总基分类器结果得到 RF 模型结果。

为克服简单随机抽样造成的森林决策树分裂属性集包含的有用信息过少问题，降低冗余数据对 RF 预测模型的影响，本节引入分层抽样进行随机特征变量即分裂波长点子集的选择。分层抽样可以增强所选波长点和组分含量间的相关性，降低分裂属性集中包含的冗余波长点个数，使生成的 RF 在不降低多样性的情况下，提高预测精度。

6.2.1 分层抽样原理

分层抽样法 [129] 也称类型抽样，是指将整体数据空间按其属性特征分成若干层，然后分别在各层中进行随机抽样。分层抽样通过划类分层，增大了各分层样本的相关性和不同层样本间的差异性，使得抽取的样本集更加具有代表性，包含的有用信息更多。本节将分层抽样的思想引入随机特征变量的抽取从而使得分裂属性集更加具有代表性并且增大其包含的信息量。

采用分层抽样生成特征随机变量的随机森林算法被称为分层随机森林 (stratified random forest, SRF)，其特征变量集的分层随机抽取过程如下。

假设 A 为一个包含了 N 个属性的输入属性集 $\{A_1, A_2, \cdots, A_N\}$。设 Y 为目标属性，那么目标属性 Y 与输入属性 A 之间相关性信息值可以用一个非负函数 φ 描述：

$$\theta_i = \frac{\varphi_i}{\sum\limits_{k=1}^{N} \varphi_k} \tag{6-12}$$

其中，$\theta_i \in [0, 1]$ 为输入属性 A_i 在整个输入属性集 A 的相对信息值。

如果 θ_i 的值越大则 A_i 的相对信息越强，此时 A_i 为强信息属性。θ_i 的值越小则 A_i 的相对信息越弱，此时 A_i 为弱信息属性。给 θ_i 设定合适的阈值，可以将属性集 A 划分为两个强属性集 A_S 和弱属性集 A_W，具体实现步骤如下。

步骤 1：选择合适的非负函数 φ，计算各属性 A_i 与目标属性 Y 的信息值 φ_i；

步骤 2：通过 φ_i 计算各输入属性 A_i 的相对信息值 θ_i，并按照 $\{\theta_i\}$ 值从大到小对输入属性集 A 进行排列；

步骤 3：设定一个阀值 α 将属性集 A 划分为强属性集 A_S 和弱属性集 A_W，$A_S = \{A_i \in A | \theta_i < \alpha\}$，$A_W = \{A_i \in A | \theta_i \geqslant \alpha\}$，并且 $A = A_S \cup A_W$，$A_S \cap A_W = \varnothing$。

把输入属性集 A 划分为 A_S 和 A_W 之后，采用分层抽样法分别从强属性集 A_S 和弱属性集 A_W 中随机选择属性组成属性子空间 S，子空间 S 的属性数记为 $p(p > 1)$。从 A_S 和 A_W 中选择的属性的数量之比等于 A_S 和 A_W 所包含的属性数量之比。即从强属性集 A_S 中随机选择的属性的个数 $p_S = p \times (N_S/N)$，从弱属性集 A_W 中随机抽取的属性数量 $p_W = p \times (N_W/N)$，其中 N_S 为 A_S 包含的属性数量，N_W 为 A_W 包含的属性数量，N 为输入属性集 A 包含的所有属性的数量，且 $p = p_W + p_S$。

6.2.2　基于互信息的分层随机森林模型

本章研究的煤炭近红外光谱数据是典型的高维数据 (1609 维)，存在较多噪声与冗余波长点，在 RF 算法中体现为该属性与目标属性的相关性较弱。如果决策树的分裂属性集是采用完全随机抽取的方式的话，则分裂属性集有很高的概率不包含与类别相关性强的属性，造成分类性能下降。因此引入互信息 (mutual information，MI) 来衡量一个属性与分类类别的相关性，MI 值越大，相关性越强，MI 值越小，相关性越弱 [130]。对于属性 m_i 与分类类别 c_j，它们之间的互信息 $I(m_i; c_j)$ 定义为

$$I(m_i; c_j) = \sum_{i=1}^{N} \sum_{j=1}^{y} p(m_i, c_j) \log \frac{p(m_i, c_j)}{p(m_i)p(c_j)} \tag{6-13}$$

其中，$p(m_i)$ 和 $p(c_j)$ 分别表示 m_i、c_j 的边缘概率密度；$p(m_i, c_j)$ 为 m_i 与 c_j 的联合概率密度；N 为属性集 M 的属性个数；y 为分类类别数。

基于互信息的分裂属性集分层抽样步骤如下。

步骤 1：对于属性集中的每个属性 A_i 根据式 (6-13) 计算其互信息值 $I(A_i; Y)$，然后将其归一化，记作 θ_i；

步骤 2：取 θ_i 的均值 α 为分层阈值，将 A 划分为强属性集 A_S 和弱属性集 A_W；

步骤 3：按照 A_S 和 A_W 包含的属性数之比随机从 2 个子集中抽取分裂属性集。

6.2.3　结果与讨论

在决策树的每个非叶子节点选择属性前，计算光谱数据每个属性的互信息值如图 6-9 所示。

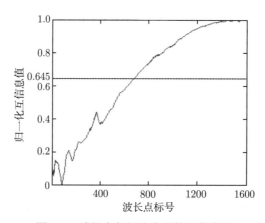

图 6-9　波长点与组分含量的互信息图

取平均值 $\alpha = 0.645$ 将属性集 M 中的 1609 个属性划分为强属性集 A_S (共 902 个属性) 和弱属性集 A_W (共 707 个属性)。分裂属性集 M_{split} 中属性共 40 个，由按比例随机从 A_S 中抽取的 23 个属性和从 A_W 中抽取的 17 个属性组成。然后采用决策树 CART 算法从 M_{split} 中选择最佳属性对该节点进行分裂，生成决策树构建 SRF 分类模型，SRF 模型对各组分的预测结果如图 6-10 所示。

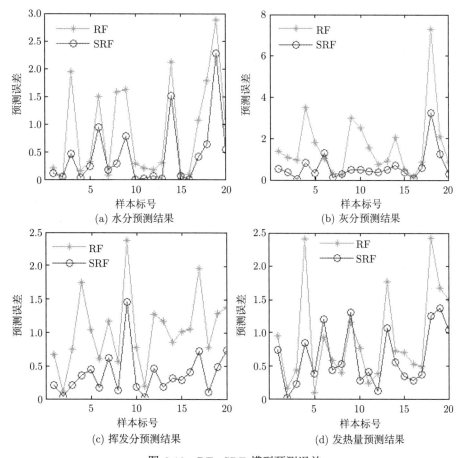

图 6-10 RF、SRF 模型预测误差

由图 6-10 中 2 条曲线之间的对比可以直观地看出 SRF 模型对各组分的预测效果均优于 RF 模型，由表 6-1 可知，SRF 模型的均方根误差为 1.4456 比 RF 模型降低了 0.6206，相关系数则增加了 0.0355。所以 SRF 模型可以有效地降低冗余数据对预测结果的影响，提高模型预测精度。

通过对 RF 煤质定量分析模型中的属性重要性指标进行分析可以得到在各组分预测中起关键作用的波长点，图 6-11 显示了煤质定量分析模型中水分、灰分、挥发分、发热量的各波长点的特征重要性度量重要性值。

表 6-1　RF 与 SRF 模型评价结果对比

预测模型	水分		灰分		挥发分		发热量		整体	
	E_{RMS}	R	E_{RMS}	R	E_{RMS}	R	E_{RMS}	R	E_{RMS}	R
RF	1.2183	0.9534	1.7850	0.9572	1.1645	0.9307	1.1345	0.9321	1.3414	0.9489
SRF	0.7189	0.9843	0.9175	0.9903	0.4912	0.9888	0.7554	0.9634	0.7208	0.9744

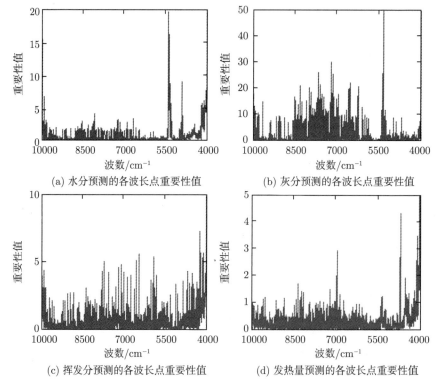

(a) 水分预测的各波长点重要性值　　(b) 灰分预测的各波长点重要性值

(c) 挥发分预测的各波长点重要性值　　(d) 发热量预测的各波长点重要性值

图 6-11　分层随机森林属性重要性指标图

由图 6-11 可知，波数在 $10000\sim9000\mathrm{cm}^{-1}$、$7000\mathrm{cm}^{-1}$ 和 $5000\mathrm{cm}^{-1}$ 附近的吸收度对水分预测影响较大；而对灰分预测较为重要的波长点集中在波数 $8500\sim6000\mathrm{cm}^{-1}$ 和 $5000\mathrm{cm}^{-1}$ 附近；对挥发分影响较大的波长点则较为分散；发热量受波数在 $7000\mathrm{cm}^{-1}$、$4800\mathrm{cm}^{-1}$ 和 $4000\mathrm{cm}^{-1}$ 附近的波长点吸光度影响较大。

结合近红外光谱产生机理可以对以上分析结果加以印证，通过近红外光谱区的主要吸收谱带、振动类型及其谱带位置，可以判定各谱带吸收度与所含基团间的关系。具体为：煤炭水分含量受组合频 $(v+2\delta)$、3δ 的游离 O—H 基团和 $3v$(2nd 倍频) 的结合 O—H 基团影响最为显著, 这些基团信息分别集中在 $5210\sim5050\mathrm{cm}^{-1}$、$10400\sim10200\mathrm{cm}^{-1}$ 和 $7140\sim7040\mathrm{cm}^{-1}$; 灰分含量受无机物影响较大, 而煤炭中无机物含量较少, 其信息零散分布在 $8500\sim6000\mathrm{cm}^{-1}$; 挥发分主要受氮、氢、甲烷、一氧化碳、二氧化碳和硫化氢等气体影响, 相关波长点分布较为分散, 各波段的影响也相差不大; 发热量主要和 C=O 键以及 C—H(CH$_3$, CH$_2$) 的 $v+\delta$ 组合频及 $2v+\delta$ 组合频关联较大, 分别分布在 $4440\sim4200\mathrm{cm}^{-1}$、$5230\sim5130\mathrm{cm}^{-1}$ 和 $7090\sim6900\mathrm{cm}^{-1}$。所以由光谱吸收机理得到的分析结果与特征重要度量的分析结果相一致, 印证了特征重要度量的有效性。

6.3 基于集成神经网络方法的定量分析模型

在煤质近红外光谱分析中建立定量分析模型的方法可分为线性和非线性两大类 [37,78,84]: 多元线性回归 (MLR)、主成分回归 (PCR) 和偏最小二乘 (PLS) 等线性学习方法, 其中 PLS 是目前主流的线性定量分析建模方法, 但其在解决非线性的煤质各项指标预测问题上具有一定的局限性; 反向传播 (BP) 神经网络是目前应用最为广泛的非线性建模方法, 但煤的组成结构复杂、元素种类繁多, 其光谱信息变化范围较广, 导致 BP 神经网络模型的定量分析关系偏差较大, 预测结果的精确度与可靠性较差。

为了改善上述问题, 提出了基于集成神经网络的定量分析模型, 首先利用自组织映射神经网络方法将光谱样本集分类; 然后对每一类样本子集利用径向基函数和 BP 神经网络分别建立多个定量分析子模型; 最后整合各子模型的输出值计算最终的预测结果。为了减小在集成学习过程中因参数设置而引起的输出误差, 利用经验知识、交叉验证和遗传算法对其进行搜索优化。

6.3.1 理论基础

神经网络 [131] 是在不断学习的过程中获取储存知识, 具有大规模的并行分布式结构和较强的学习与泛化能力, 在处理高复杂度的非线性问题时有显著的优越性, 常用的方法有 BP 神经网络、自组织映射和径向基函数神经网络。BP 神经网络是一种多层前馈神经网络, 通过误差反向传播, 根据输出值与期望值的误差不断调整网络的权值阈值, 从而使网络的输出逐步逼近期望输出, 方法介绍见 2.2.4 节。

6.3.1.1 自组织映射神经网络

自组织 (特征) 映射 (self-organization mapping, SOM) 神经网络 [131,132] 由 Kohonen 教授于 1981 年提出, 是一种基于无监督竞争式学习的分类方法, 通过对输入空间的相似性匹配寻找获胜神经元。典型的 SOM 神经网络由输入层和竞争层 (映射层) 组成，结构如图 6-12 所示，其中，输入层中含 n 个神经元数，竞争层为二维平面阵列，含 $M = n^2$ 个神经元。

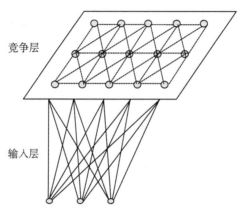

图 6-12　SOM 神经网络结构

SOM 神经网络的学习步骤如下。

输入：光谱特征数据集 $\boldsymbol{X}_{l \times n}$，输入神经元个数 n，竞争层神经元个数 $M = n^2$，$i = 1, 2, \cdots, n$，$j = 1, 2, \cdots, M$。

步骤 1：将权值 $W_{ij}(W_{ij} \in \boldsymbol{W}_j)$ 赋予小的随机初始值；

步骤 2：网络的输入向量 $\boldsymbol{x}(\boldsymbol{x} \in \boldsymbol{X}_{l \times n})$；

步骤 3：计算 $\boldsymbol{x}$ 与竞争层各神经元权值向量 $\boldsymbol{W}_j = [W_{1j}, W_{2j}, \cdots, W_{nj}]$ 的距离，即

$$d_j = \|\boldsymbol{x} - \boldsymbol{W}_j\|$$

具有最小距离的神经元为获胜神经元，记为 c；

步骤 4：利用更新公式调整所有神经元的权值，即

$$W_{ij}(t+1) = W_{ij}(t) + \eta(t)[x_i - W_{ij}(t)]$$

其中，$0 < \eta(t) < 1$ 为增益函数，随着时间逐渐减小；

步骤 5：重复步骤 2 直至在特征映射里变化不明显为止。

6.3.1.2　径向基函数神经网络

径向基函数 (radial basis function，RBF) 神经网络 [131,133] 由 Powell 于 1985 年提出，是一种三层前向网络，包括输入层、隐藏层和输出层，结构如图 6-13 所示。

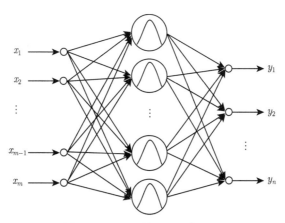

图 6-13 RBF 神经网络结构图

RBF 神经网络的基本思路是：将输入层与光谱特征向量连接起来，再利用 RBF 将输入层非线性变换到隐藏层，即把低维的输入变量变换到高维的空间内，最终由输出层对网络的输入模式做出响应。该网络常选用高斯函数作为 RBF，第 i 组输入数据 $\boldsymbol{x}_i$ 为函数的中心，则隐藏层的每个计算单元可定义为

$$\varphi_i(\boldsymbol{x}) = \varphi(\boldsymbol{x} - \boldsymbol{x}_i) = \exp\left(-\frac{1}{2\sigma_i^2}\|\boldsymbol{x} - \boldsymbol{x}_i\|^2\right) \tag{6-14}$$

网络的期望输出：

$$[y_k|k = 1, 2, \cdots, t] = \sum_{j=1}^{h} w_{jk}\varphi(\boldsymbol{x} - \boldsymbol{x}_i) \tag{6-15}$$

其中，σ_i 是以 $\boldsymbol{x}_i$ 为中心的高斯函数的宽度；t 为输出向量的维数 (煤样分析指标的项数)；h 为隐藏层神经元个数；w_{jk} 为隐含层与输出层之间神经元的连接权值，由最小二乘法直接计算得到。

6.3.2 神经网络集成与参数优化

基于集成神经网络 (integrated neural network，INN) 方法的定量分析模型通过引入集成学习 [134,135] 的思想，融合多种神经网络算法的特点，构建适用性较强的煤质近红外光谱定量分析模型。集成神经网络方法的基本思路是，通过训练多个神经网络个体学习器，然后利用求均值的方法集成网络的实际输出，获得最终的预测分析结果，以提高定量分析模型的学习精度和泛化能力，方法的流程图如图 6-14 所示。

该模型以光谱的特征空间为输入变量，首先利用自组织映射 (SOM) 神经网络将特征空间分为 C 类特征子集，然后建立基于 RBF 和 BP 神经网络的子模型，并以光谱特征子集为输入神经元，煤样标准数据子集为期望输出训练模型，融合各子模型的输出信息,从而获得回归模型的实际输出。根据各网络模型的特点,分别利用经验知识、交叉验证法和遗传算法等优化相关参数。

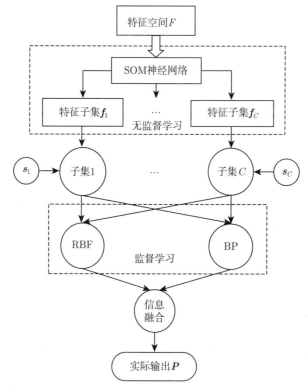

图 6-14　集成神经网络方法流程图

(1) 依据我国煤炭分类方法中煤样的划分准则,确定 SOM 神经网络竞争层的神经元个数 C。

(2) RBF 神经网络是以中心点对称衰减的局部响应网络,扩展常数 Spread 值是径向基函数的平滑程度,影响了对输入空间产生响应的激活神经元。利用交叉验证法搜索最优的 Spread 值,使网络以最佳状态逼近目标函数,获得高精确度的输出结果。

(3) BP 神经网络是以梯度下降法更新权值阈值,易陷入局部最小,其逼近性能均依赖于模型初始的权值阈值。实验利用遗传算法优化 BP 神经网络的初始权值阈值,具体步骤如下。

输入:对于 l 组煤炭样本,相应的光谱数据集为 $\boldsymbol{X}_{l\times p}$,光谱数据压缩后特征数据集为 $\boldsymbol{F}_{l\times m}$,各指标真实值的数据集 (真实数据集) 为 $\boldsymbol{Y}_{l\times n}$。

步骤 1:采用十进制编码,BP 神经网络模型的输入层节点数为 m,隐含层节

点数为 h，输出层节点数为 n，每条染色体长度为

$$(L_m + L_n) \times L_h + (L_h + L_n)$$

步骤 2：产生初始种群；

步骤 3：计算隐含层 $\boldsymbol{h}(k)$ 与网络输出 $\boldsymbol{g}(k)$

$$\boldsymbol{h}(k) = \mathrm{tansig}(\boldsymbol{W}_k^1 \boldsymbol{F}, \boldsymbol{\theta}_k^1)$$

$$\boldsymbol{g}(k) = \mathrm{purelin}(\boldsymbol{W}_k^2 \boldsymbol{h}(k), \boldsymbol{\theta}_k^2)$$

步骤 4：计算适应度值 $\mathrm{fit}(k)$，选取训练集均方根误差 E_{RMS} 的倒数作为适应度函数

$$\mathrm{fit}(k) = \mathrm{mean}\left(\frac{1}{E_{\mathrm{RMS}}(k)}\right) = \frac{1}{n} \sum_{j=1}^{n} \left[l \left/ \sum_{i=1}^{l} (p_{i,j} - s_{i,j})^2 \right. \right]^{1/2}$$

其中，$p_{i,j}$ 和 $s_{i,j}$ 为第 i 组煤样第 j 项指标的实际输出与期望输出；

步骤 5：利用选择、交叉和变异等遗传操作更新个体；

步骤 6：寻找满足适应值最大的解，即 $\mathrm{fit}_{\mathrm{best}} = \max(\mathrm{fit}(k))$。判断是否满足终止条件，如果满足，输出最优解，否则，转到步骤 3。

其中，$\boldsymbol{W}_k^1$ 和 $\boldsymbol{W}_k^2$ 为第 k 次迭代时输入层与隐含层、隐含层与输出层间的初始连接权值，$\boldsymbol{\theta}_k^1$ 和 $\boldsymbol{\theta}_k^2$ 为第 k 次迭代时隐含层和输出层的初始阈值。

6.3.3 结果与讨论

6.3.3.1 光谱数据的最终处理模式

实验采集的煤样光谱具有噪声干扰多、特征维数高等问题，为了获得高质量的光谱数据，先后采用数据恢复与压缩方法对参与建模的光谱数据进行有效处理。光谱数据恢复处理 (第 4 章) 用于提高光谱数据的信噪比，可分为两步：① 提出改进的多元散射校正方法有效地消除光谱中的散射干扰，放大特征谱峰信息；② 利用基于粗糙惩罚法的光谱优化平滑模式，针对性地滤除高频的随机噪声。光谱数据压缩处理 (第 5 章) 选用多项式核主成分分析方法提取光谱数据的特征信息，用于降低定量分析模型中输入变量的维数，减少模型的运算复杂度。

确定上述理论方法为光谱数据恢复与压缩的最终模式，通过逐步完成光谱数据集的相关处理，然后将计算得到的新数据集作为定量分析模型的输入变量，接着参与模型的训练学习。为了验证最终处理模式的有效性，结合已构建的 PLS 模型和 GA-BP 神经网络模型，研究光谱数据恢复与压缩前后所得输入变量对模型预测精度的影响，包括“原光谱+PCA”、“恢复光谱+PCA”、“原光谱+KPCA”和“恢复光谱+KPCA”(最终模式) 4 种处理模式。

实验将 117 组建模数据集 (0.2 mm 和 3 mm 粒度等级光谱数据集) 分为训练集 100 组和校正集 17 组，各种模式处理后的光谱数据作为输入变量，煤样各项指标的真实值为期望输出。

为了减少 PLS 模型参数设置 (主成分个数) 对预测精度的影响，利用交叉验证法，以训练集中煤样各指标真实值与预测值间 E_A 的均值 E_{ave} 最小为目标，在 1~10 (步长为 1) 进行搜索优化，如图 6-15 所示。对于 0.2 mm 粒度等级光谱数据集，4 种处理模式下 PLS 模型的最优主成分个数分别为 7、8、7 和 9；3 mm 粒度等级光谱数据集的最优主成分个数分别为 10、9、10 和 7。

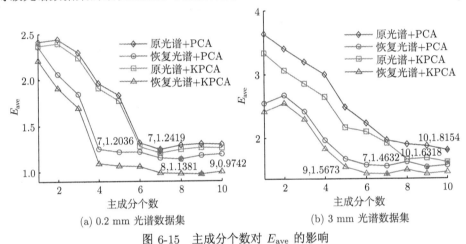

图 6-15　主成分个数对 E_{ave} 的影响

在 GA-BP 神经网络模型中，利用 GA，以训练集各指标真实值与预测值间 E_{RMS} 的倒数最大为目标函数，搜索网络中最优的初始权值和阈值，如图 6-16 所示。

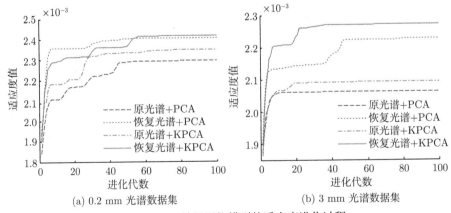

图 6-16　BP 神经网络模型的适应度进化过程

PLS 和 BP 神经网络模型在最优状态下, 校正集结果如表 6-2 和表 6-3 所示。由上述分析结果可知以下几点。

表 6-2   PLS 模型校正集的分析结果

光谱数据集	PCA			KPCA		
	E_{ave}	R	E_{RMS}	E_{ave}	R	E_{RMS}
0.2 mm 原光谱	1.2451	0.8731	1.6154	1.1861	0.8895	1.5379
0.2 mm 恢复光谱	1.0111	0.8937	1.3171	0.9856	0.9096	1.2929
3 mm 原光谱	1.7295	0.7661	2.0127	1.6593	0.8218	1.9502
3 mm 恢复光谱	1.5614	0.7966	1.8699	1.5137	0.8376	1.8908

表 6-3   GA-BP 神经网络模型校正集的分析结果

光谱数据集	PCA			KPCA		
	E_{ave}	R	E_{RMS}	E_{ave}	R	E_{RMS}
0.2 mm 原光谱	1.1747	0.9035	1.5372	1.1553	0.8923	1.4597
0.2 mm 恢复光谱	0.9831	0.9357	1.2149	0.9692	0.9404	1.2017
3 mm 原光谱	1.6763	0.8291	1.9421	1.5853	0.8376	1.8846
3 mm 恢复光谱	1.5126	0.8254	1.8175	1.4659	0.8748	1.5904

(1) 经 4 种不同模式处理后, 所得特征数据集质量的优次顺序为: "恢复光谱 +KPCA"→"恢复光谱 +PCA"→"原光谱 +KPCA"→"原光谱 +PCA", 因此选取最优的 "恢复光谱 +KPCA" 模式为光谱数据恢复与压缩的最终处理模式。

(2) 由于数据恢复处理是为了消除噪声干扰对光谱数据准确度的负面影响, 而数据压缩的主要目的是降低光谱数的维数, 因此恢复处理后模型精度的增幅高于压缩处理。

(3) 相较于线性的 PLS 模型, BP 神经网络模型中校正集的分析准确度较高: E_{ave} 最大减幅达 5.65%, R 最大增幅达 8.22%, E_{RMS} 最大减幅达 15.89%, 即非线性的 BP 神经网络在建立煤质近红外光谱定量分析模型时具有更强的适用性。

(4) 经过各种数据处理后, 0.2 mm 粒度等级光谱数据集的预测精度明显优于 3 mm 粒度等级光谱数据集, 即煤样在 0.2 mm 粒度等级下采集的光谱数据与其各项指标真实值间的相关性较高。在煤质近红外光谱分析技术的实际应用过程中, 0.2 mm 粒度等级光谱数据集更适合参与相关的建模分析。因此, 对集成神经网络模型的性能分析仅将 0.2 mm 粒度等级光谱数据集作为研究对象。

6.3.3.2   集成神经网络模型

集成神经网络定量分析模型, 首先利用 SOM 神经网络无导师监督学习的能力, 把光谱样本集进行分类; 然后针对各分类子集, 分别利用 RBF 和 BP 神经网络建立相应的分析子模型, 通过对输出结果求平均, 计算集成模型的实际输出。

挥发分是煤炭的第 1 分类指标, 用于表征煤的煤化度、初步评价各种煤的加工工艺适宜性等。我国按 V_{daf} 值将煤炭划分为 6 类:

(1) 无烟煤 (0): $V_{\mathrm{daf}} \leqslant 10\%$;

(2) 烟煤 (1~4): 1 类 ——$V_{\mathrm{daf}} > 10\% \sim 20\%$, 2 类 ——$V_{\mathrm{daf}} > 20\% \sim 28\%$, 3 类 ——$V_{\mathrm{daf}} > 28\% \sim 37\%$ 和 4 类 ——$V_{\mathrm{daf}} > 37\%$;

(3) 褐煤 (5): $V_{\mathrm{daf}} > 37\%$。

实验中所采集的近 150 组煤样主要为烟煤与褐煤, 其 V_{daf} 的范围为 $26.54\% \sim 42.27\%$。因此, 参照此项经验知识, 将 SOM 神经网络中 C 设置为 4, 即把 117 组建模数据集 (0.2 mm 粒度等级光谱数据集) 分为 4 类: 烟煤 (2~4) 与褐煤 (5)。

分别利用 "原光谱+PCA" 和 "恢复光谱+KPCA" 两种模式对 0.2 mm 粒度等级光谱数据集进行恢复与压缩处理, 将所得特征数据集输入 SOM 神经网络模型, 分类结果如图 6-17 所示。两种新特征数据集经 SOM 神经网络模型分为 4 个子集后, 将各分类子集以 85%:15% 的比例随机抽取训练校正子集, 用于 BP 和 RBF 神经网络的训练学习, 各子集样本数如表 6-4 所示。

采用交叉验证法搜索 Spread: 设 Spread 的取值范围为 0.1~3.0, 步长为 0.1; 将各训练子集以 4:1 的比例再次分为训练集与校正集; 以新特征数据集为输入变量, 煤样的 7 项指标作为输出变量, 针对各子集建立不同的 RBF 神经网络子模型。当期望输出与实际输出之间 E_{ave} 最小时对应的 Spread 值为最优值。各 RBF 神经网络子模型的最优 Spread 值如表 6-5 所示。

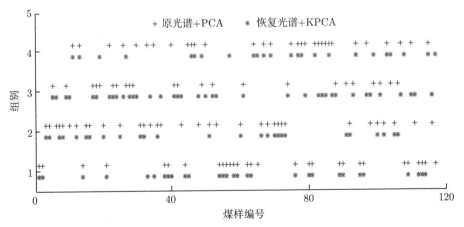

图 6-17　SOM 神经网络的分类结果

表 6-4 各子集样本数

组别	原光谱+PCA			恢复光谱+KPCA		
	总数	训练集	校正集	总数	训练集	校正集
C1	29	25	4	29	25	4
C2	34	29	5	26	22	4
C3	23	20	3	38	32	6
C4	31	26	5	24	20	4

表 6-5 RBF 模型的最优 Spread 值

项目	原光谱+PCA				恢复光谱+KPCA			
	C1	C2	C3	C4	C1	C2	C3	C4
Spread 值	2.3	0.1	2.2	3.0	0.9	2.7	1.3	0.5

当 RBF 神经网络模型中 Spread 参数为最优值时，4 类校正子集中煤样各项指标真实值与预测值的偏差 E_{ave} 如图 6-18(a) 所示，所有校正子集分析结果的均值如图 6-18(b) 所示。

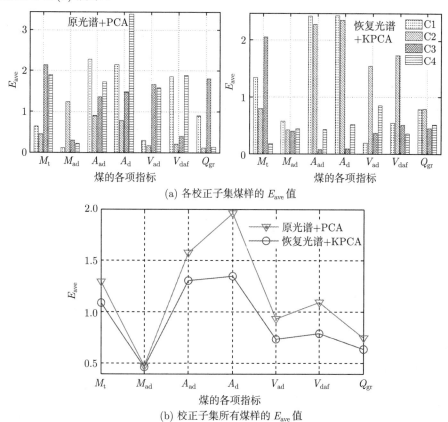

(a) 各校正子集煤样的 E_{ave} 值

(b) 校正子集所有煤样的 E_{ave} 值

图 6-18 RBF 神经网络模型的校正子集分析结果

采用遗传算法搜索初始权值阈值，各参数设置如下：BP 神经网络的输入神经元 10 个，隐含层神经元 10 个，输出神经元 7 个，个体编码长度为 187。种群规模为 20，迭代次数为 60，交叉概率为 0.4，变异概率为 0.1。BP 神经网络的权值阈值优化后，校正集的分析结果如图 6-19 所示。

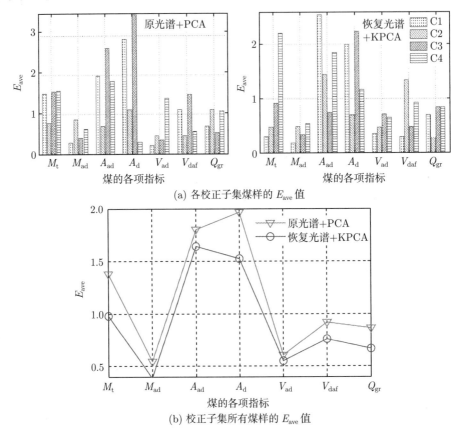

(a) 各校正子集煤样的 E_{ave} 值

(b) 校正子集所有煤样的 E_{ave} 值

图 6-19   BP 神经网络模型的校正集分析结果

整合 RBF 和 BP 神经网络各子集的输出结果，在"原光谱 +PCA"模式下集成神经网络模型校正集 $E_{\text{ave}} = 1.1514$，该结果较单一的 BP 神经网络模型减少了约 2%；"恢复光谱+KPCA"模式下校正集 $E_{\text{ave}} = 0.9202$，较 BP 神经网络模型减少 5% 以上。相较于单一的神经网络模型 (回归预测)，集成神经网络模型有效地提高了煤样各项指标的预测精度，具有较强的适应性和可靠性。

综上所述，在煤质近红外光谱分析技术中，煤样粒度等级为 0.2 mm 时所采集的光谱数据与煤样各项指标具有较强的相关性，经"恢复光谱+KPCA"模式处理后原光谱数据集可获得高精度、低维度的新特征数据集，集成神经网络模型的学习精确度高、稳定性强，具有良好的与期望输出逼近的能力，尤其适用于特征信息分散的复杂非线性回归问题。

6.4 待测样本集的预测与修正

6.4.1 待测样本集的预测

实验共采集了近 150 组煤样数据 (光谱数据与各指标真实值), 对样本进行优化处理 (第 3 章, 主要研究异常和争议样本的检测与剔除) 后, 可用煤样共 137 组, 从中选取 117 组作为建模样本集, 其余 20 组为待测样本集。

建模样本集主要参与煤质近红外光谱分析技术中各分析过程的训练学习和相关参数的搜索优化, 通过对建模数据集进行大量的实验分析, 确定各环节中适应度强、准确度高的最优方法组合。

为了进一步验证各理论与方法的有效性, 将 117 组建模数据集作为训练集, 20 组待测样本集作为验证集, 指导 "原光谱+PCA+BP 神经网络"(简称 BP 神经网络) 和 "恢复光谱+KPCA+集成神经网络"(简称集成神经网络) 两种分析模型的学习, 并对验证集中煤样的 M_t、M_{ad}、A_{ad}、A_d、V_{ad}、V_{daf} 和 $Q_{gr,ad}$ 7 项指标进行定量分析。待测样本集中煤各项指标的真实值与预测值关系如图 6-20 所示。

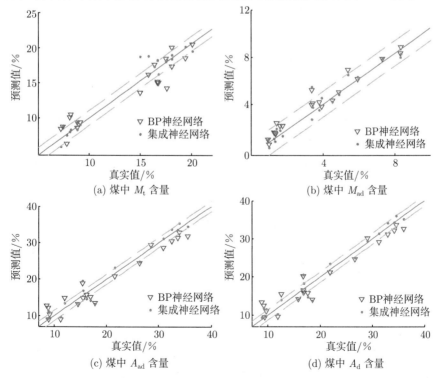

(a) 煤中 M_t 含量   (b) 煤中 M_{ad} 含量

(c) 煤中 A_{ad} 含量   (d) 煤中 A_d 含量

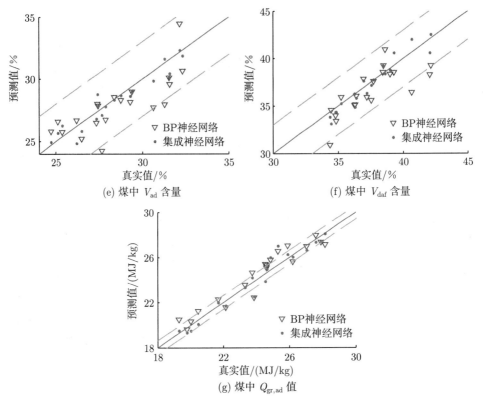

(e) 煤中 V_{ad} 含量　　　　　　　　　(f) 煤中 V_{daf} 含量

(g) 煤中 $Q_{gr,ad}$ 值

图 6-20　两种分析模型的验证集真实值–预测值关系图

BP 神经网络模型的分析结果如表 6-6 所示，20 组待测样本集中，所有分析指标真实值与预测值间绝对误差 E_A 的均值 $E_{ave} \approx 1.3385$，相关系数 R 的均值 $R \approx 0.9062$，均方根误差 E_{RMS} 的均值 $E_{RMS} \approx 1.6176$。

集成神经网络模型中先根据训练集各子集的划分方法 (SOM 神经网络)，对验证集中各样本进行归类，结果如图 6-21 所示。在 20 组待测样本中，7 组属于第 1 类子集 ("⊛")、4 组属于第 2 类子集 ("▲")、6 组属于第 3 类子集 ("▣")、3 组属于第 4 类子集 ("▼")，详细分组情况及其预测结果如表 6-7 所示。

由表 6-7 可知，集成神经网络模型所得待测样本的总体评价参数 (均值) 为：$E_{ave} \approx 0.8780$、$R \approx 0.9708$、$E_{RMS} \approx 1.1223$，相较于 BP 神经网络模型，E_{ave} 与 E_{RMS} 减小了 30% 以上，R 增加了约 7%。

第 4 组 (第 2 类子集)、第 7 组 (第 3 类子集)，第 6 组 (第 4 类子集) 等样本的预测值与真实值间的 E_A 值大于 3，存在着非常大的偏差。这是因为训练子集中样本的变异范围 (代表性) 决定了 RBF 和 BP 神经网络子模型的适应宽度，而上述煤样的特征数据均分布于所属子集的边缘 (图 6-21)，样本不仅超出了训练子集的变异范围, 与相邻子集的隶属关系也存在争议, 最终导致预测误差的增大, 在一定程度上降低了模型的预测能力。

表 6-6 BP 神经网络模型的分析结果: 待测样本集

评估参数	编号	$M_t/\%$	$M_{ad}/\%$	$A_{ad}/\%$	$A_d/\%$	$V_{ad}/\%$	$V_{daf}/\%$	$Q_{gr,ad}/(\text{MJ/kg})$
	1	0.766	0.044	1.099	1.180	1.455	1.304	0.109
	2	0.598	0.433	0.853	0.742	3.374	4.265	0.831
	3	1.341	0.171	2.253	2.077	1.455	0.862	0.529
	4	1.990	0.103	3.137	3.194	2.047	1.169	0.630
	5	0.050	0.249	2.841	2.861	0.398	0.640	0.623
	6	0.185	1.328	2.366	2.365	2.263	2.344	1.117
	7	1.629	0.657	4.044	4.335	2.932	1.450	1.020
	8	1.839	0.379	1.813	1.852	0.484	1.111	0.857
	9	0.470	0.240	1.498	1.595	0.173	0.320	0.406
	10	1.185	0.067	0.065	0.027	1.694	1.965	0.336
E_A	11	1.988	0.711	2.403	2.176	0.345	0.732	0.291
	12	1.354	0.144	3.398	3.340	1.168	0.112	1.474
	13	0.280	0.308	0.887	1.107	0.835	0.643	0.640
	14	1.395	0.537	2.055	1.778	1.166	2.918	0.718
	15	2.078	0.586	4.384	4.444	0.622	0.835	1.192
	16	2.210	0.583	1.176	0.952	1.064	0.781	0.208
	17	1.317	0.296	1.902	1.877	0.414	0.175	0.849
	18	3.607	1.761	0.560	0.246	3.443	3.499	0.581
	19	0.124	1.116	3.725	3.403	1.322	3.809	1.185
	20	1.330	0.317	0.733	0.947	0.458	0.116	0.179
	E_{ave}	1.2868	0.5015	2.0596	2.0249	1.3556	1.4525	0.6888
综合	R	0.9472	0.9672	0.8727	0.8714	0.8770	0.8476	0.9602
	E_{RMS}	1.5482	0.6641	2.3842	2.3664	1.6712	1.9077	0.7813

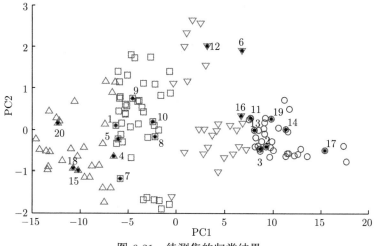

图 6-21 待测集的归类结果

表 6-7   集成神经网络模型的分析结果: 待测样本集

评价参数	组别	编号	$M_t/\%$	$M_{ad}/\%$	$A_{ad}/\%$	$A_d/\%$	$V_{ad}/\%$	$V_{daf}/\%$	$Q_{gr,ad}/(MJ/kg)$
	1	2	0.377	0.217	1.566	1.542	0.327	1.370	0.686
	1	3	1.045	0.437	0.217	0.181	0.561	0.703	0.240
	1	11	0.006	0.358	0.046	0.013	0.872	1.323	0.515
	1	13	0.010	0.494	0.348	0.448	0.512	0.221	0.472
	1	14	1.568	0.063	1.171	1.253	0.073	0.400	0.372
	1	17	0.090	0.304	1.544	1.526	0.434	0.064	0.422
	1	19	0.646	0.670	1.018	0.885	0.668	1.428	0.218
	2	4*	0.862	0.545	4.494	4.767	1.391	0.445	1.665
	2	15	1.041	0.587	2.478	2.668	1.140	0.046	0.554
E_A	2	18	0.326	2.021	1.563	1.188	0.524	0.494	0.300
	2	20	0.122	0.635	1.469	1.407	1.367	1.326	0.038
	3	1	0.518	0.238	1.751	1.861	1.453	0.863	0.414
	3	5	2.553	0.321	1.409	1.432	0.348	0.013	0.167
	3	7*	3.239	0.356	0.550	0.577	0.776	0.487	0.061
	3	8	1.109	0.220	2.712	2.850	0.081	1.389	1.069
	3	9	0.098	0.283	1.365	1.437	0.029	0.501	0.573
	3	10	0.404	0.102	0.476	0.390	0.487	0.323	0.241
	4	6*	0.232	0.371	4.186	3.861	0.676	0.790	1.401
	4	12	1.075	0.949	1.533	1.577	0.129	0.204	0.336
	4	16	0.272	0.225	1.394	1.384	0.249	0.695	0.471
综合	E_{ave}		0.7797	0.4698	1.5645	1.5624	0.6049	0.6542	0.5108
	R		0.9757	0.9759	0.9788	0.9782	0.9532	0.9606	0.9733
	E_{RMS}		1.1408	0.6245	1.9361	1.9497	0.7442	0.8060	0.6550

　　参照国家标准对煤样各项指标精密度的要求, 以煤样各指标的真实值与预测值间的绝对误差 E_A 为度量依据, 制定煤质近红外光谱分析技术的精密度 (第 2 章), 即各项指标允许的误差范围, 只有当 E_A 满足精密度的要求才认为该样本预测值是准确 (合格) 的, BP 和集成神经网络模型分析结果的准确度如表 6-8 所示。

表 6-8   两种分析模型分析结果的准确度

指标	E_A 范围	BP 神经网络		集成神经网络	
		合格个数	准确率/%	合格个数	准确率/%
M_t	$\leqslant 1\%$	7	35.00	13	65.00
M_{ad}	$\leqslant 1\%$	17	85.00	19	95.00
A_{ad}	$\leqslant 1.4\%$	7	35.00	9	45.00
A_d	$\leqslant 1.4\%$	7	35.00	9	45.00
V_{ad}	$\leqslant 3\%$	18	90.00	20	100.00
V_{daf}	$\leqslant 3\%$	17	85.00	20	100.00
$Q_{gr,ad}$	$\leqslant 0.6MJ/kg$	8	40.00	16	80.00

6.4.2 待测样本集的调整

本书第 2 章详细地阐述了煤质近红外光谱分析技术的机理，结合煤化工和光学等相关理论对该技术的可行性进行了分析，但受实验环境、仪器设备和操作过程等不可避免的客观因素影响，使得理论分析与实际应用发生偏离，各指标真实值与预测值间的误差是最为直接的表现。

综合各种分析模式下建模样本集和待测样本集的预测结果可知，煤中 M_{ad}、V_{ad}、V_{daf} 和 $Q_{gr,ad}$ 4 项指标的预测准确率均在 80% 以上，可用于实际的煤质分析中；而 M_t、A_{ad} 和 A_d 3 项指标低于 70%，预测结果的可信度较差。导致该问题出现的原因主要有以下几个：

(1) 煤中全水分 M_t 包括外在水分、内在水分和化合水等 3 种状态的水含量，其中外水附着于煤样表面，易与存放环境发生作用，是标准分析和光谱采集过程中最大的不稳定因素；

(2) 煤中灰分 A_{ad} 和 A_d 是由无机矿物质转化而成，将 NIRS 用于该指标的测量，主要参考依据是"灰分 = 100− 水分 − 挥发分 − 固定碳"，且水分、挥发分和固定碳可吸收某些特定的 NIR 波长 (为直接关系)，即灰分与 NIR 可吸收基团存在间接关系。但当近红外在煤样中发生吸收、反射和散射等作用时，无机矿物质虽不能吸收近红外，但会造成一定的散射干扰，从而降低光谱数据的信噪比。

煤中 M_{ad}、V_{ad} 和 V_{daf} 3 项指标，预测结果的准确度可达 95% 以上，具有较高的可信度。此外，根据各个状态基准的定义可知，煤中 M_{ad}、A_{ad}、A_d、V_{ad} 和 V_{daf} 5 项指标间存在着固定的换算公式。为了进一步提高煤中 A_{ad} 和 A_d 的预测精度，利用 M_{ad}、V_{ad} 和 V_{daf} 3 项指标的预测值，并结合相关转换公式，对其进行调整修正。由煤中 V_{daf} 与 V_{ad} 之间的换算式 (1-10) 可得

$$A_{ad} = 100 - M_{ad} - 100 \times \frac{V_{ad}}{V_{daf}} \tag{6-16}$$

求取煤中 A_{ad} 值后，再利用 A_d 与 A_{ad} 之间的换算式 (1-8) 计算 A_d 值。

利用该方法对 20 组待测样本的 A_d 与 A_{ad} 值进行预测，在修正前后预测值与真实值间 E_A 值如图 6-22 所示。

表 6-9 为修正前后 20 组待测样本的分析结果，A_d 与 A_{ad} 的预测值与真实值的误差都得到不同程度的减小，待测样本的预测准确率由 45% 提高至 70%。

虽然 M_{ad}、V_{ad} 和 V_{daf} 的预测精度较高，但与真实值还存在一些微弱的偏差，在修正过程中 3 项指标的预测误差被整合放大。因此 A_d 和 A_{ad} 的计算结果未能保持与其相似的预测准确度。

对于 20 组待测样本集，基础分析模型 ——"原光谱 +PCA+BP 神经网络"和

改进分析模型 ——"恢复光谱 +KPCA+ 集成神经网络 + 修正"的预测结果对比如表 6-10 所示。

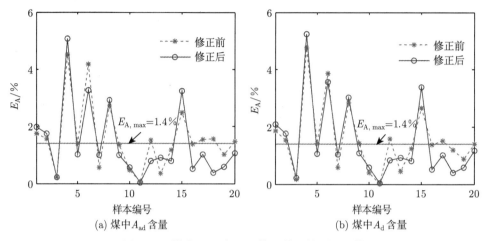

图 6-22　煤中 A_{ad} 与 A_d 修正前后的预测误差

表 6-9　待测样本修正前后的分析结果

评估参数	修正前			修正后		
	A_{ad}	A_d	综合	A_{ad}	A_d	综合
E_{ave}	1.5645	1.5624	0.8780	1.4044	1.4677	0.8416
R	0.9788	0.9782	0.9708	0.9800	0.9778	0.9709
E_{RMS}	1.9361	1.9497	1.1223	1.8806	1.9678	1.1170
合格率/%	45.00	45.00	75.71	70.00	70.00	82.86

表 6-10　两种分析模型的预测结果对比

评估参数	M_t	M_{ad}	A_{ad}	A_d	V_{ad}	V_{daf}	$Q_{gr,ad}$	综合
E_{ave} 减幅/%	39.41	6.32	31.81	27.52	55.38	54.96	25.84	37.12
R 增幅/%	3.01	0.90	12.30	12.21	8.69	13.33	1.36	7.14
E_{RMS} 减幅/%	26.31	5.96	21.12	16.84	55.47	57.75	16.17	30.95

由表 6-10 可知, 改进分析模型的预测结果具有较高的准确性和稳定性, 在煤质近红外光谱分析技术中的适用性较强。鉴于此, 开发设计基于上述理论与方法的煤质近红外光谱分析软件 (图 6-23), 并用于实际的煤质快速分析中。

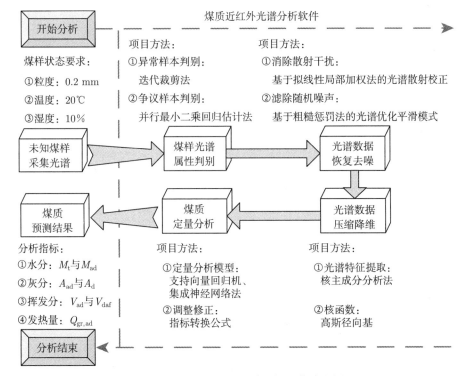

图 6-23 煤质近红外光谱分析软件流程图

6.5 本章小结

本章从煤质近红外光谱分析技术实际应用的角度出发，通过大量的实验对比，确定了最适于建模的光谱数据及其处理模式。由于煤的多样性和复杂性，使得煤样光谱数据集存在特征信息不集中、数据间差较大等问题，因而在定量分析模型中输入、输出变量的变异范围较宽。当煤样的变异范围变宽时，分析模型中的非线性或异质性问题也会增多，负面的干扰因素随之增加，导致模型的预测能力下降。此外，在煤质近红外光谱分析技术的实际应用过程中，定量分析模型不仅要能获得高精度的预测结果，还需具有良好的稳定性和可靠性。

鉴于此，本章主要研究基于支持向量回归机的定量分析模型、基于集成神经网络的定量分析模型和预测输出的修正等内容。

(1) 构建了基于支持向量回归机的煤质近红外光谱定量分析模型，选取高斯径向基函数作为模型的核函数，并利用 PSO 算法对模型参数进行优化求解，预测煤中水分、灰分和挥发分的含量。

(2) 构建了基于随机森林的煤质近红外光谱定量分析模型，针对随机森林模型特征属性集冗余信息较多的问题，引入基于互信息的分层抽样算法建立分层随机森林模型。

(3) 提出了基于集成神经网络的煤质近红外光谱定量分析模型。首先，用 SOM 神经网络模型将全部样本集分为 4 类子集，细化样本集的变异范围；然后，计算 RBF 和 BP 神经网络子模型实际输出结果的均值，将各子模型的预测能力进行了有机融合。

(4) 受实验环境、煤样自身等客观因素的影响，煤中 A_{ad} 和 A_d 的预测准确率较低，本章利用 M_{ad}、V_{ad} 和 V_{daf} 3 项指标高精度的预测结果，结合各项指标间的转换公式，对煤中 A_{ad} 和 A_d 的预测值进行了调整修正。

最后，本章分别利用基础的"原光谱 +PCA+BP 神经网络"分析模型和改进的"恢复光谱 +KPCA+ 集成神经网络 + 修正"分析模型，去逼近 0.2 mm 粒度等级光谱数据集与煤样各项指标真实值间的数学关系。实验结果显示，煤样各项指标真实值与预测值间的 E_{ave} 最大减幅超过 55%，平均减幅约为 37%；相关系数 R 最大增幅在 13% 以上，平均增幅约为 7%；E_{RMS} 最大减幅超过 57%，平均减幅约为 30%。

综上所述，研究所提出的"恢复光谱 +KPCA+ 集成神经网络 + 修正"分析模型有效地缩小了煤样各项指标真实值与预测值的偏差，其预测能力得到了显著提高。相较于基础分析模型，该方法具有更强的可靠性和适用性。

第 7 章　煤质近红外光谱定性分析模型

煤质近红外光谱定性分析是指采用近红外光谱分析技术对煤炭生产和利用过程中所需的一些类别特征进行判定分析，如煤炭种类的鉴别、煤产地的鉴别和煤级鉴别等。本章研究的煤质定性分析为煤产地鉴别，煤产地对煤炭的进出口贸易和市场监管具有重要的指导意义。分类模型的性能直接影响产地鉴别的准确性，选择合适的分类算法可以达到事半功倍的效果。

7.1　基于支持向量机的定性分析模型

支持向量机 (support vector machine，SVM) 是基于统计学的机器学习算法，由 Vapnik 等在 20 世纪 90 年代初首次提出。SVM 算法的提出是机器学习领域的一项重大发现和重大突破。其基本原理为：若数据遵从某种固定分布，即使这种分布是未知的，若要让模型实际输出尽可能地接近理想输出，那么模型应该使用结构风险最小化 (structural risk minimization，SRM) 原理，最小化错误率的上限。而不使用以往常用的经验风险最小化 (empirical risk minimization，ERM) 原理。SVM 算法具有结构简单，能够避免出现过拟合和陷入局部最优解等优点，尤其适合用于高维非线性的小样本集数据的分析。并且较传统的神经网络算法泛化性能提升较高，目前已经成为最流行的机器学习算法之一，广泛用于图像识别、文本分类等问题 [100,131,136]。近几年，有学者将 SVM 算法应用到近红外光谱的分析上，取得了较好的成果 [137−139]。

7.1.1　理论基础

SVM 算法的核心理论基础为 VC 维理论和 SRM 原理，其二次寻优和低维数据空间到高维数据空间投射的开拓性原理克服了神经网络难以处理高维数据、样本数量太少以及局部极小点等问题 [140]，较适用高维小样本的煤样光谱数据。

SVM 算法的基本思想如下：

(1) 采用非线性特征映射 $\Phi(\boldsymbol{x})$ 将输入变量投影到一个高维特征空间 F

$$\Phi(\boldsymbol{x}) : \mathbf{R}_n \to F \tag{7-1}$$

(2) 在高维空间 F 将线性不可分问题转化为线性可分问题，建立一个最优分类平面作为决策面。

SVM 算法其中的一个优点为在构造具体分析模型时，不需要知道特征映射 $\Phi(\boldsymbol{x})$ 的具体表达式，仅需确定如何由输入向量 $\boldsymbol{x}_i$，$\boldsymbol{x}_j$ 计算内积 $\Phi(\boldsymbol{x}_i) \cdot \Phi(\boldsymbol{x}_j)$，即

$$(\Phi(\boldsymbol{x}_i) \cdot \Phi(\boldsymbol{x}_j)) = K(\boldsymbol{x}_i, \boldsymbol{x}_j) \tag{7-2}$$

因此，SVM 算法可以避免计算复杂的高维特征内积，可以较好地处理高维数据，把耗费巨大的高维特征输入数据内积计算 $\Phi(\boldsymbol{x}_i) \cdot \Phi(\boldsymbol{x}_j)$ 转化为简单的函数 $K(\boldsymbol{x}_i, \boldsymbol{x}_j)$ 的计算。函数 $K(\boldsymbol{x}_i, \boldsymbol{x}_j)$ 被称为核函数，在最优分类面中使用核函数 $K(\boldsymbol{x}_i, \boldsymbol{x}_j)$ 后，SVM 的结构便类似于普通的神经网络模型，输出为不同支持向量作中间节点的线性组合。其结构如图 7-1 所示。

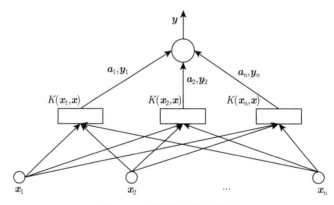

图 7-1　支持向量机结构图

由图 7-1 可知，SVM 模型由输入向量和对应的核函数构成，常见的 SVM 核函数包括以下 4 种：

(1) 线性核函数：$K(\boldsymbol{x}_i, \boldsymbol{x}_j) = (\boldsymbol{x}_i \cdot \boldsymbol{x}_j)$；

(2) 多项式核函数：$K(\boldsymbol{x}_i, \boldsymbol{x}_j) = [\gamma(\boldsymbol{x}_i \cdot \boldsymbol{x}_j) + \mathrm{coef}]^d, \gamma > 0, d = 1, 2, \cdots$ 由 d 的取值不同可将其具体地分为 d 阶多项式核函数；

(3) 高斯径向基核函数：$K(\boldsymbol{x}_i, \boldsymbol{x}_j) = \exp\left\{-\gamma |\boldsymbol{x}_i - \boldsymbol{x}_j|^2\right\}, \gamma > 0$；

(4) Sigmoid 核函数：$K(\boldsymbol{x}_i, \boldsymbol{x}_j) = \tanh(\gamma(\boldsymbol{x}_i \cdot \boldsymbol{x}_j) + \mathrm{coef})$。

使用 Sigmoid 核函数的 SVM 为含隐含层的多层感知器，此时 SVM 算法不存在局部最优解问题。核函数的引入使得低维空间到高维空间的映射变得简单高效，且可以通过更换核函数得到擅长不同问题的超平面，极大地扩大了 SVM 算法的适用范围。

7.1.2　结果与讨论

借助 Matlab 仿真软件，以产自澳大利亚、俄罗斯、加拿大、印度尼西亚、中国 5 个国家共 243 组煤样的光谱数据为输入，煤产地为输出，从样本集中随机挑选

80%的样本作为训练集，剩余的 20%作为测试集。则训练样本集共 195 个，测试样本共 48 个，其中澳大利亚样本 9 个，俄罗斯样本 7 个，加拿大样本 7 个，印度尼西亚样本 17 个，中国样本 8 个。SVM 模型采用径向基核函数，径向基核函数参数 $g = 5.17 \times 10^{-3}$，惩罚因子 $c = 2.29 \times 10^4$。SVM 模型的分类结果如图 7-2 所示。

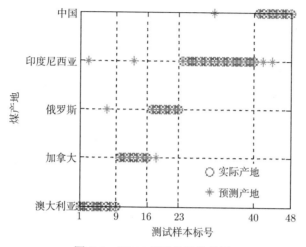

图 7-2　SVM 模型分类结果图

SVM 模型共误判 7 个样本，整体正确率约 85.42%。澳大利亚、加拿大、俄罗斯、印度尼西亚、中国 5 国样本的单分类精度分别为 77.78%、85.71%、85.71%、94.11%、75.00%，G-mean 指标为 0.8339。

7.2　基于学习向量量化神经网络的定性分析模型

7.2.1　基础理论

学习向量量化 (learning vector quantization，LVQ) 神经网络 [141,142] 是一种自适应神经网络，是由 Kohonen 竞争精神网络发展而来，在模型分类和模式识别方面有很重要的运用。LVQ 神经网络由以下 3 层结构组成，分别是输入层、竞争层和输出层。竞争层的神经元与输入层的神经元不是同组连接，其中竞争层和输入层连接时的固定权值是 1，当样本数据输入到该模型中，这些固定权值将被修改。在样本训练过程中，输入神经元输入到 LVQ 神经网络时，那些与输入神经元距离很近的会获得竞争，使这个竞争神经元产生 "1"，而竞争失败的神经元则被置为 "0"，从而与竞争神经元相连的神经元也被置为 "1"，剩下的为 "0"。这就是说，获得竞争的神经元权值阈值才能得到一定的调整，LVQ 神经网络结构如图 7-3 所示，有两层结构：第一层的神经元个数为 S^1，第二层为 S^2。

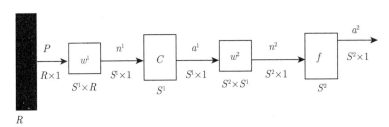

图 7-3　LVQ 神经网络结构

LVQ1 学习算法是一种经典的神经网络算法。该算法的计算过程如下。

步骤 1：初始化神经网络，选择随机值较小的数用来给定输入层到竞争层之间的权值；

步骤 2：将煤样光谱数据输入到该数据模型中；

步骤 3：首先找到距离输入向量最近的竞争神经元，其中计算输入向量和竞争层神经元距离公式如下：

$$d_i = \sqrt{\sum_{j=1}^{N}(x_i - w_{ij})^2}, \quad i = 1, 2, \cdots, S^1$$

其中，w_{ij} 表示竞争层神经元与输入层神经元之间的权值；

步骤 4：然后根据所找到的竞争神经元，找出相连接的输出层神经元；

步骤 5：如果输入数据的类型和输出神经元的数据类型一样，则输出神经元所对应竞争层神经元的权值朝着输入神经元方向改变调整，若输入数据与输出层向量的类型不同，则朝输出神经元的方向调整；

输入神经元调整权值

$$w_{ij\_new} = w_{ij\_old} + \eta(\boldsymbol{x} - w_{ij\_old})$$

输出神经元调整权值

$$w_{ij\_new} = w_{ij\_old} - \eta(\boldsymbol{x} - w_{ij\_old})$$

其中，η 表示学习率；$\boldsymbol{x}$ 表示输入向量。

步骤 6：重复上诉过程，直到误差满足设置的要求或者到达最大迭代次数。

LVQ2 神经网络算法类似于 LVQ1 算法，只是 LVQ1 算法只有一个竞争层神经元可以获胜，而 LVQ2 算法引入了"次获胜"神经元，使获胜神经元和"次获胜"神经元的权值都得到调整。算法过程如下。

步骤 1~步骤 3 和 LVQ1 算法过程相同。

步骤 4：找出与输入神经元最近的两个竞争层神经元，分别为 i 和 j。

步骤 5：如果这两个神经元满足以下条件，即第一个与输出神经元的类型一致，第二个神经元与竞争胜利神经元之间的距离很短，则这个神经元按照公式调整；若不满足以上条件，LVQ2 神经网络就只调整与输入神经元最近的那个神经元，按照 LVQ1 算法中的步骤 5 进行调整。

若 i 竞争神经元和输入数据所对应的神经元类型一样，调整公式如下：

$$\left.\begin{array}{l} w_i^{\text{new}} = w_i^{\text{old}} + \alpha(\boldsymbol{x} - w_i^{\text{old}}) \\ w_j^{\text{new}} = w_j^{\text{old}} - \alpha(\boldsymbol{x} - w_j^{\text{old}}) \end{array}\right\}$$

若 j 竞争神经元和输入数据神经元类型一样，调整公式如下：

$$\left.\begin{array}{l} w_i^{\text{new}} = w_i^{\text{old}} - \alpha(\boldsymbol{x} - w_i^{\text{old}}) \\ w_j^{\text{new}} = w_j^{\text{old}} + \alpha(\boldsymbol{x} - w_j^{\text{old}}) \end{array}\right\}$$

步骤 6：重复上述步骤 2～ 步骤 5，直到达到设定误差或最大迭代次数。

利用 LVQ 神经网络进行煤产地鉴别的建模过程如图 7-4 所示。

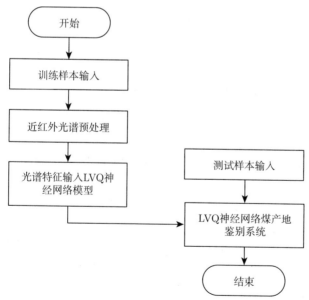

图 7-4　LVQ 神经网络进行煤产地鉴别的建模过程

7.2.2　结果与讨论

首先搭建 LVQ1 神经网络数学模型，共采集了 5 国煤炭光谱，其中澳大利亚用标签 1 表示，俄罗斯用标签 2 表示，加拿大用标签 3 表示，印度尼西亚用标签 4

表示，中国用标签 5 表示，取各国的前 31 组光谱样本作为训练样本，后 5 组作为测试数据，测试样本 30 组，每个国家各 6 组样本。借助 Matlab 仿真软件搭建分类模型，LVQ1 模型与 LVQ2 模型的分类结果如图 7-5 所示。

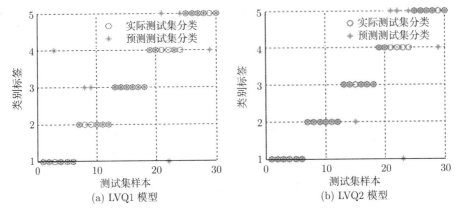

(a) LVQ1 模型   (b) LVQ2 模型

图 7-5   LVQ 模型的分类结果

使用 LVQ1 误判大约 7 个，准确率可达 76.67%，而构建 LVQ2 神经网络数学模型，误判 6 个，准确率可达 80.00%，由上述数据可以得出，在使用 LVQ 神经网络搭建煤产地鉴别模型时，LVQ2 学习算法准确率要高于 LVQ1 学习算法，训练时间比 LVQ1 稍长。

7.3   基于决策树算法的定性分析模型

7.3.1   理论基础

决策树是一种自上而下的树形预测模型，类似自然中的一棵树，决策树的根、树枝和叶子分别称为根节点、中间节点和叶子节点 [143]。如图 7-6 所示，决策树顶层的根结点是整个数据集空间，每个中间节点通过一些分裂算法将样本集分割成 2 个子集，最底层的叶子节点是带有分类的数据分割，也就是最终的分类结果。树的根节点为整个训练集数据空间，每个中间节点对应一个单一属性的分裂，将上级数据空间分为多个部分，最终的叶子节点代表分类或预测结果。

从根节点经过中间节点到叶子节点的路径为得到该叶子节点所代表结果的某种规则，而整棵树为若干分类规则的集合。从根节点到某个叶子节点的路径是唯一的，也就是其规则是唯一的，把根节点数据比作自变量，叶子节点比作因变量的话，自变量到因变量的对应关系不能是一对多的，这样就可以进行数据分类或预测。这些分类规则的产生是决策树算法的核心，包括 ID3 算法、C4.5 算法、CART 算法等，下面分别对这些算法进行介绍。

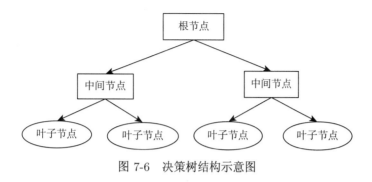

图 7-6 决策树结构示意图

7.3.1.1 ID3 算法

ID3 算法 [144] 由 Quinlan 于 1986 年提出，该方法引入信息熵 [145] 对属性进行比较，并根据信息熵的大小，来决定分裂节点具体选择哪个属性。信息熵的原理为：假设信源概率分布为 $P(u_i)$，$i = 1, 2, \cdots, r$，$P(u_i)$ 为消息 u_i 产生的概率，其值越小，对应概率越低，消息包含的信息量越大。消息 u_i 包含的信息量的多少可用自信息量 $I(u_i)$ 表示：

$$I(u_i) = \log\left[1/P(u_i)\right] \tag{7-3}$$

自信息量 [145] 仅反映了某个消息传递信息的多少，无法描述整体信源的好坏，所以采用自信息量的数学期望来描述整体信源的不确定程度。自信息量的数学期望就被称为信息熵，其数学表达式为

$$E(X) = \sum_{i=1}^{r} P(u_i) I(u_i) = -\sum_{i=1}^{r} P(u_i) \log_\alpha P(u_i) \tag{7-4}$$

当 $P(u_i) = 0$ 时，$P(u_i) \log \alpha P(u_i) = 0$。式 (7-3)、式 (7-4) 中，$u_i$ 为消息；r 代表消息的数量；α 为自信息量单位，当 $\alpha = 2$ 时信息熵的单位为 bit。

ID3 算法采用基于信息熵的信息增益为分裂属性优劣的评价指标，使用增益最大的属性进行节点分裂。因为从信息增益最大的属性产生的节点出发，可以最快到达最终的叶子节点，其平均路径最短，可以减小决策树的平均深度。ID3 算法的实现流程如图 7-7 所示。

ID3 算法在生成决策树时，具有生成规则固定可重现、决策树深度较小等优点。但是信息熵的计算是基于离散数据的，所以 ID3 算法不能处理连续变量。而且如果一个属性所包含的数据更加多样，那么它的信息增益会大于实际值，若选择这样的属性进行节点分裂，决策树会陷入局部极值。

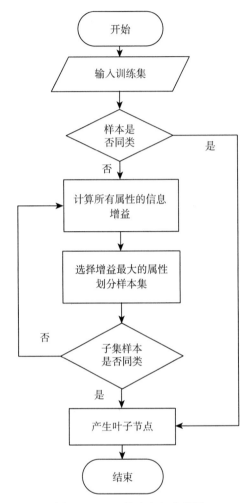

图 7-7 ID3 算法实现流程图

7.3.1.2 C4.5 算法

C4.5 算法是由 Quinlan 于 1993 年在 ID3 算法基础上提出的改进算法，其主要解决了 ID3 算法无法处理连续变量和易产生局部最优解这 2 个问题。C4.5 算法与 ID3 算法都是基于信息熵来进行样本集划分，然而不同于 ID3 算法最终通过信息增益来划分样本集的是，C4.5 算法使用信息增益率选择分裂属性划分样本集，以弥补 ID3 算法容易陷入局部极值的缺陷 [146]。

C4.5 算法对 ID3 算法的改进主要体现在以下 3 个方面：

(1) 为避免产生局部极值，C4.5 算法使用分裂信息指标，公式如下：

$$\text{SplitInfo}_A(D) = -\sum_{j=1}^{v}\left[\left(\frac{|D_j|}{|D|}\right) \times \log_2\left(\frac{D_j}{D}\right)\right] \tag{7-5}$$

其中，v 是属性 A 取值的个数。

$\text{SplitInfo}_A(D)$ 体现了选择的分裂属性分布的广度和均匀度，并且用信息增益 $\text{Gain}(A)$ 除以分裂信息指标 $\text{SplitInfo}_A(D)$，将会使得选择的分裂属性分布得更加广泛和均匀，从而避免 ID3 算法的偏向性问题。信息增益率即信息增益与分裂信息指标之比，其计算公式如下：

$$\text{GainRatio}(A) = \frac{\text{Gain}(A)}{\text{SplitInfo}_A(D)} \tag{7-6}$$

(2) 能够处理连续型数据。C4.5 算法对连续变量型属性二分离散化，以此将连续变量属性离散化，最后依然是将问题归结到离散型属性来解决。

(3) 能够处理数据丢失问题。使用概率分布法生成缺失数据补全不完整数据集，然后在补齐后的数据集上生成决策树。

C4.5 算法弥补了 ID3 算法的固有不足，使决策树生成更完善，并且提高了决策树的分类准确性。但是由于 C4.5 算法需要反复遍历数据集以完成离散化和空缺数据补足，所以其耗费的运算时间较长。而且在算法运行过程中，需要将全部数据集封装进内存，增加了 C4.5 算法的空间复杂度。

基于 C4.5 算法的决策树生成流程如图 7-8 所示。

7.3.1.3 CART 算法

CART 算法 [147] 由 L. Breiman 和 C. Stone 等于 1984 年提出，CART 算法采用二分递归的方式进行决策树构建，在节点分裂时根据 Gini 系数最小原则选择最佳分裂属性，将当前样本集划分为不同子集。

假设共有 n 个分类类别，分别为 $c_1, c_2, \cdots, c_n$，则样本集 D 的 Gini 系数计算过程如下。

步骤 1：计算 Gini 系数

$$\text{Gini}(D) = 1 - \sum_{i=1}^{m} p_i^2$$

其中，p_i 为对应类别所占比例。

步骤 2：计算划分的 Gini 系数

如果 D 被分割成子集 D_1、D_2，则该划分的 Gini 系数

$$\text{Gini}_{\text{split}}(D) = \frac{|D_1|}{|D|}\text{Gini}(D_1) + \frac{|D_2|}{|D|}\text{Gini}(D_2)$$

其中，Gini 系数越小，代表分割出的 2 个子集所包含的样本类别越少，分割效果越好。若 Gini 系数为 0，则代表分割出的子集仅包含 1 个种类的样本。Gini 系数越大说明子集包含样本越杂，分割效果越差。

CART 算法同样采取离散化来处理连续型变量，采用概率分布法填补缺失数据，其生成决策树的过程类似 C4.5 算法，不同的是划分样本集采用的是 Gini 系数最小原则而不是信息增益率最大原则。

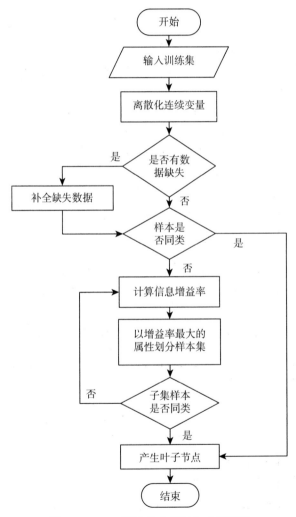

图 7-8   C4.5 算法的决策树生成流程图

7.3.2 结果与讨论

借助 Matlab 仿真软件搭建分类模型，取各国的前 31 组光谱样本作为训练样本，后 5 组作为测试数据，经过数据预处理后，其决策树结构如图 7-9 所示，可以看出叶子节点是各国的标签值，图 7-10 为决策树测试集的分类结果。

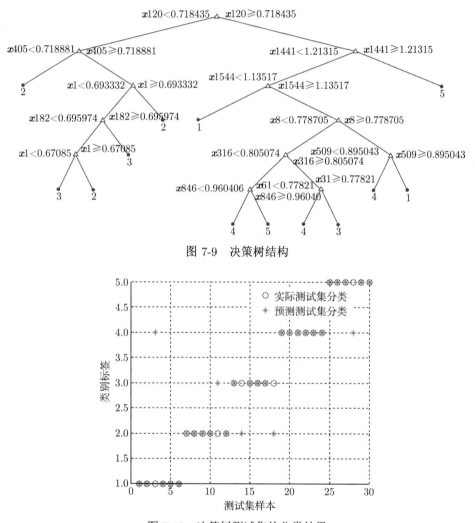

图 7-9 决策树结构

图 7-10 决策树测试集的分类结果

由图 7-10 所示，30 组测试样本，每个国家各 6 组样本，使用决策树误判大约 5 个，准确率约为 83.33%。其中标签 1 为澳大利亚，标签 2 为俄罗斯，标签 3 为加拿大，标签 4 为印度尼西亚，标签 5 为中国。澳大利亚、俄罗斯、加拿大、印度尼西亚、中国 5 国测试样本的单分类精度分别为 83.33%、83.33%、66.77%、100.00%、83.33%。

7.4 基于随机森林算法的定性分析方法

7.4.1 基础理论

7.4.1.1 随机森林决策树的生成

随机森林 (RF) 算法作为一种集成学习算法,采用随机抽样技术生成各决策树的样本子集[148]。抽样技术按照每次抽取的样本放回原样本集与否可分为不放回抽样和有放回抽样两种,其中常用的有放回抽样有:无权重抽样又称为 Bagging 抽样[128] 和更新权重抽样也叫 Boosting 抽样[149]。方法对基分类器的要求是简单运算快,基分类器的运算成本会被 RF 算法无限放大,而多分类器的结果集成较好地解决了基分类器准确率偏低的问题,所以 RF 算法在为每个决策树生成对应的训练子集时主要采用 Bagging 方法,且每次从初始训练集中随机有放回地抽取三分之二的样本。这样使得训练子集既不失代表性,又保证了决策树的多样性,同时还可以保证包含一定量的重复样本。这些重复样本的存在主要是为了避免决策树陷入局部最优解。

RF 模型中决策树不需要有太高的分类精度,因为其可以通过组合多个决策树分类结果来提高模型精度。而因为 RF 模型需要重复生成大量的决策树,所以其对决策树的算法运行效率要求较高。ID3 决策树可重现生成规则,深度较小。其缺点是无法处理连续变量,而且在选择最优分裂属性时,由于信息增益会偏向取值较多的属性,因此容易产生局部最优解问题。针对 ID3 算法无法处理连续变量和产生局部最优解这两点不足,C4.5 决策树使用信息增益率解决了局部最优解问题,并且对连续变量型属性二分离散化从而完成对连续型数据的处理。但由于在生成 C4.5 决策树时,需要反复遍历数据集,所以 C4.5 决策树的生成时间较长。CART 决策树采用二分递归的方式构建决策树,同样通过离散化来处理连续变量,较 C4.5 决策树分类或预测精度有些降低,但速度提高较多[144−147]。因此,本章所建立的 RF 模型均采用 CART 算法生成决策树。

7.4.1.2 随机特征变量

由于 RF 决策树不同于独立的决策树模型,是一种相对简单的小型决策树,其在每次选择最优分裂属性时并不需要比较所有属性而仅比较分裂属性集中的属性。首先从属性集空间中随机抽取部分属性组成分裂属性集,然后从中选择最优分裂属性。一方面,由于分裂属性集中的属性是随机抽取的,所以增加了决策树的随机性,从而使得森林中的每棵决策树都具有一定的差异性;另一方面,分裂属性集中包含的属性个数远小于样本总的属性数,决策树分裂规则大大简化,分支也远没有单独的决策树模型繁杂,所以森林中的决策树可以任意生长,避免了复杂的剪枝过程。分裂属性集也称随机特征，其所含属性的个数被称为随机特征变量 F，F 小于样本属性总数 M，F 若太大则会增加森林中决策树的相关度，使得各决策树较为相似，若 F 太小，则分裂属性集无法代表原样本，由此生成的决策树性能会大大降低。所以 F 的值对 RF 的性能具有一定影响。

RF 算法中随机特征变量的提出不仅降低了各决策树的相关度，而且提高了各决策树的分类性能和运算性能，从而增强了整个 RF 的性能。随机特征的基本思想为：按照某种特定的概率分布规律随机地抽取一定数量的属性参加节点分裂[150,151]。随机特征变量的确定主要有如下 2 种方式。

(1) 随机选择输入变量 (Forest-RI)。Forest-RI 方法首先将所有输入属性随机等分为若干分组，每个分组包含的属性个数记为 F，F 是一个固定常数。然后在每一组属性上建立一棵任意生长不剪枝的 CART 决策树。决策树中每个节点在进行分裂时，输入该节点的属性的选择均为随机分组方式。Forest-RI 方法中分组包含的属性个数 F 为森林的随机特征变量。

(2) 随机组合输入变量 (Forest-RC)。Forest-RC 方法首先对原有输入属性进行线性组合，然后再将属性的线性组合作为输入属性，进行决策树的构建，最终组成 RF。Forest-RC 方法实现步骤为：①随机抽取 L 个输入属性；②生成 L 个随机数 k；③对抽取的 L 个属性使用随机数 k 进行线性组合生成新的属性 v，如式 (7-7) 所示：

$$v = \sum_{i=1}^{L} k_i v_i, \quad k_i \in [-1, 1] \tag{7-7}$$

以上 2 种方法中，构建 RF 决策树最常用的为 Forest-RI 方法，由于在节点分裂的过程中并不是使用了所有的输入属性，所选择的分裂属性集包含的属性要比输入属性集少很多，大大增强了森林中决策树生成的随机性。而 Forest-RC 方法通过随机数的引入来增加森林的随机性，在属性间差异较小时效果并不理想。所以 Forest-RI 方法对煤样光谱数据集的适用性更强。

基于 RF 算法的煤质近红外光谱定性分析模型的构建步骤如下。

设煤样光谱集为输入数据集 $\boldsymbol{X}_{i \times j}, i = 1, 2, \cdots, n; j = 1, 2, \cdots, m$，$n = 243$ 为输入数据集包含的样本数，$m = 1557$ 为每条光谱包含的属性或特征数，即波长点个数。煤样原产地为输出 Y_i。

步骤 1：采用 Bagging 抽样从光谱集 $\boldsymbol{X}_{i \times j}$ 中抽取样本子集。

步骤 2：选择适当的随机特征变量 F，以袋外数据估计为评价函数，采用区间遍历法选择 RF 决策树数量 Ntree 的最优值。

步骤 3：采用 Forest-RI 方法和步骤 2 搜索的最优参数值，建立 RF 基分类器 CART 决策树，且各决策树均不进行剪枝优化。

步骤 4：汇总所有决策树的分类结果，采用投票的方式产生，以得票超过半数的结果为最终的分类结果。

RF 算法流程如图 7-11 所示。

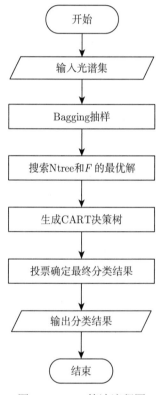

图 7-11　RF 算法流程图

为了更好地评价 RF 算法分类结果的鲁棒性，由于 RF 算法最终是采用投票的形式给出分类结果，本章采用正确分类的得票率来判断模型的鲁棒性。得票率越高说明越多的决策树做出了正确的分类，则模型的抗干扰能力越强。

正确分类得票率 $V\%$ 定义为

$$V\% = \frac{\text{Votes}}{\text{Ntree}} \times 100\% \tag{7-8}$$

其中，Votes 为分类正确的决策树棵数；Ntree 为森林中决策树个数。

7.4.1.3　袋外数据估计

袋外数据 [151] (out of bag, OOB) 估计是 RF 算法独有的一种无偏泛化误差估计方法。OOB 产生于模型样本集的抽取过程，由于 RF 算法采用的是 Bagging 抽样方法，按统计学规律来讲，在抽取样本子集时总有一些样本无法被选中。这部分没被抽到的样本在一起被称为 OOB，OOB 包含样本的个数为 $(1-1/N)^N$，N 为初始样本集包含的样本个数。由于 $(1-1/N)^N$ 收敛于 $1/e$ 约为 0.368，所以样本子集中包含的样本数约为 63%，OOB 的样本数约为 37%。另外，每个决策树的构建均依附于不同的样本子集，所以每棵树的 OOB 均不相同。将 OOB 作为测试集来评价 RF 算法泛化能力的方式即称为 OOB 估计。

OOB 估计的计算步骤如下。

步骤 1：进行 Bagging 抽样，获取每棵决策树的 OOB；

步骤 2：将 OOB 代入对应的决策树分类器，计算每棵树的 OOB 错误率；

步骤 3：计算所有决策树的 OOB 错误率，并取其平均值作为森林的 OOB 泛化误差估计。

交叉验证是一种最常用的算法性能评价方式，也可以被用来评价 RF 算法的泛化能力。在使用交叉验证时，需要对原始样本集不断地进行划分和合并，在很大程度上给算法的运行带来了极大的负担，大大降低了算法的运算效率，增加了算法的时间和空间复杂度。而 OOB 估计可以完美地解决这一问题，因为 OOB 是 RF 算法运行时自己产生的，不需要进行任何的额外运算，也不会增加 RF 算法的运算开销。而且 OOB 估计的计算可以随着每棵决策树的生成同时完成，一旦 RF 搭建完毕，其 OOB 估计也随之产生。因此 OOB 估计的效率要远大于交叉验证，并且 OOB 估计的计算不会降低 RF 算法的运行效率。而就 OOB 估计与交叉验证的评价效果而言，Breiman 等证明了 OOB 估计是一个无偏估计并且和相同测试集样本容量的交叉验证的测试精度相同。所以在对 RF 算法进行内部评估时，OOB 估计可以完全代替交叉验证。

7.4.2　结果与讨论

采用与 SVM 模型相同的训练集和测试集建立 RF 煤产地基础鉴别模型，关于 RF 模型 2 个核心参数决策树个数 Ntree 及随机特征变量 F 的选择，根据 Breiman 的研究，在属性个数较少时，随机特征变量 F 取 $\text{int}(\log_2 M + 1)$ 较为合适，而在属性个数较多时取 $M/3$ 比较合适。本节所使用的光谱数据共 1557 个属性，属性个数较多，故取 $F = M/3 = 519$。确定了 F 的值之后，需要设定 Ntree 的值。以 OOB 估计为评价指标，采用遍历的方式搜寻 Ntree 的最优解。图 7-12 为 Ntree 与分类模型预测结果关系图，横坐标为决策树的个数 Ntree，纵坐标为 10 次实验 OOB 估计的平均值，由图 7-12 可知，当决策树数量 Ntree 取 810 时 OOB 估计最低，模型分类效果最好。

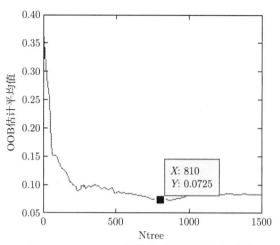

图 7-12　Ntree 与分类模型预测结果关系图

由图 7-13 RF 模型对测试集分类的结果可知，RF 模型共误判 5 个样本，整体正确率 89.58%，G-mean 指标为 0.8441，将 2 个俄罗斯样本误判为加拿大样本，3个中国样本误判为印度尼西亚样本。澳大利亚、加拿大、俄罗斯、印度尼西亚、中国 5 国测试样本的单分类精度分别为 100.00%、100.00%、71.42%、100.00%、62.50%。

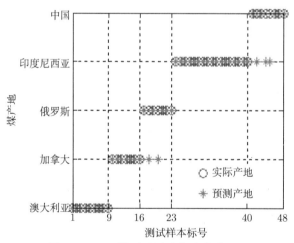

图 7-13　RF 模型对测试集分类结果图

7.5　基于改进随机森林的煤质定性分析

7.5.1　理论基础

煤炭样本的分类对象为不平衡样本集，它会降低 RF 算法的分类性能。这主要是因为少数类样本较少, 在随机抽取决策树的训练样本集时每次被抽取的概率较小, 经多次选取后, 少数类样本被抽中的数量就更少了, 加剧了样本的不平衡性, 建立于此的决策树其分类结果会倾向多数类, 不能很好地体现少数类样本的特点, 影响分类结果。所以, 本节引入合成少数过采样技术 (synthetic minority oversampling technique, SMOTE) 算法解决非平衡样本问题, 最终提出 SMOTE-RF 模型提高煤产地分类正确率。

为解决这一问题, 本节引入 SMOTE 算法[152] 来增加少数类样本, 平衡样本集。SMOTE 算法是一种向上的过采样算法, 其核心思想是在 2 个相似的样本之间进行随机线性插值生成新的少数类样本, 平衡样本集。

SMOTE-RF 模型的实现过程如下。

步骤 1: 计算少数类样本 x 到类内其他样本的欧氏距离 d, 给定最近邻样本个数 K;

步骤 2: 从少数类样本 x 的 K 个最近邻中根据需要将少数类扩大的倍数即采样倍率随机抽取 $Q(Q < K)$ 个样本用于插值;

步骤 3: 在少数类样本 x 和抽取的最近邻 x' 之间进行随机插值, 生成新的少数类样本 x_{new}:

$$x_{\text{new}} = x + \text{rand}(0,1) \times (x' - x)$$

其中, rand(0,1) 为大于 0 小于 1 的随机数;

步骤 4: 将生成的新的少数类样本加入原始的少数类样本集中, 组成新的平衡样本集。

7.5.2 结果与讨论

采用 SMOTE 算法扩充少数类样本, 取 $K = 5$, 即就近选择 5 个最近邻进行插值, 原算法中采样倍率 Q 被统一设置为相同的整数, 未能体现不同样本之间的差异。实验采用 K 均值聚类法, 计算各国样本与质心的欧式距离 d, 然后根据 d 的大小为每个样本设置不同的采样倍率, 以加拿大样本为例, 各样本与质心的欧式距离 d 如图 7-14 所示, $d \in (0, 0.1)$ 的有 5 个样本, $d \in (0.1, 0.5)$ 的有 8 个样本, $d \in (0.5, 1)$ 的有 6 个样本, 采样倍率 Q 分别取 3、2、1, 故新增 37 个样本, 加拿大样本数增加到 66 与多数类印度尼西亚样本数一致。

类似地, 对澳大利亚、俄罗斯、中国的样本均采用上述算法进行样本扩充, 得到新的平衡训练样本集, 共 330 个样本。以平衡样本集作为 RF 模型的输入, 构建 SMOTE-RF 模型, 模型的分类结果如图 7-15 所示。

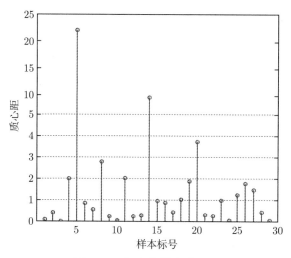

图 7-14　加拿大样本质心距

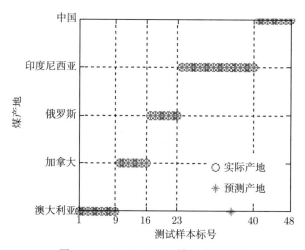

图 7-15　SMOTE-RF 模型分类结果

　　由图 7-15 可知，SMOTE-RF 模型仅误判 1 个样本，把 1 个印度尼西亚样本误判为澳大利亚样本，整体正确率达到 97.92%。除印度尼西亚样本的单分类精度为 94.12%，其他各国样本的单分类精度均为 100%，G-mean 指标为 0.9879，各项指标均优于 SVM 模型和 RF 模型。为进一步分析模型的预测结果，可通过决策数分类结果判断模型的鲁棒性及各国煤样之间的相似度。SMOTE-RF 模型各决策树的投票结果如图 7-16 所示。

　　通过对比图 7-13 和图 7-16，可以发现，SMOTE-RF 模型的投票结果中，大部分煤样的错误得票明显减少，正确分类的得票率由 76.15% 提高到 83.09%，分类结果更加稳定、可靠。

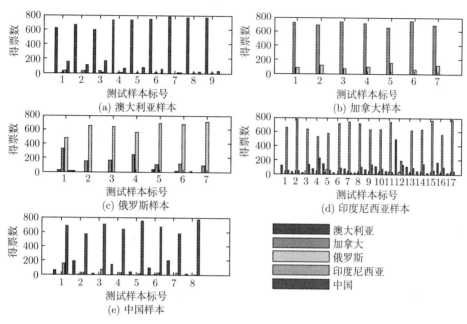

图 7-16 SMOTE-RF 模型各决策树投票结果图

在图 7-16 中，决策树的误分类集中在俄罗斯、加拿大之间和中国、印度尼西亚及澳大利亚之间。将俄罗斯样本和加拿大样本记为第一组样本，中国、印度尼西亚和澳大利亚记为第二组样本。在第二组样本中澳大利亚煤样的错误投票中有86.48%的票数投到中国，中国煤样 66.61% 的错误得票为澳大利亚，印度尼西亚样本的错误得票中，中国占 48.62%、澳大利亚占 46.56%。说明俄罗斯样本和加拿大样本较为接近，中国样本、澳大利亚样本和印度尼西亚样本较为相似，而中国样本与澳大利亚样本更相似。

结合各地煤样成煤因素对图 7-16 的分析结果加以验证。由于实验所取第一组样本均来自陆相成煤环境[153]，成煤期为二叠纪，大西洋尚未扩张，两地均位于劳伦古大陆，距离较近，气候、植被和地理位置相似，所以两地煤样较为相似。所取第二组样本属海相成煤环境，澳大利亚煤样和中国煤样成煤期为二叠纪且所处纬度相近[154]，气候因素具有一定的可比性。印度尼西亚煤样形成于古垩纪、低纬度热带地区。两组样本成煤环境不同，差异较大，故组间误判较少。在第二组国家中，澳大利亚与中国煤样成煤时期、气候较印度尼西亚煤样更为接近，所以澳大利亚样本和中国样本更加相似，与 SMOTE-RF 模型结果图 7-16 的分析相一致。

7.6　近红外光谱煤产地鉴别系统

目前为止，使用近红外光谱分析技术对煤产地进行鉴别的软件系统的设计至今还没有成型的框架，而各大院校对近红外光谱分析一般使用与近红外光谱仪配套的分析软件，该分析软件一般不开源，无法进行二次开发，缺乏灵活性也无法实现所需要的功能。为此，本章针对书中所使用的算法设计系统，借助平台开发了一套基于近红外分析的煤产地鉴别系统，该系统的人机界面友好，使用方便，灵活性强。

经过对近红外光谱分析研究，该煤产地鉴别系统主要在性能和算法方面实现以下功能。

(1) 实现对煤炭样本的预处理。建立模型前，应当对煤炭光谱样本进行异常样本的剔除，去除噪声的干扰，放大"感兴趣"区域特征，对光谱的波段进行选择，获得最优的光谱信息。

(2) 实现对煤产地鉴别模型的建立。将预处理后的煤炭光谱数据，输入到分类鉴别模型中，用 LVQ 神经网络、支持向量机、决策树和随机森林等分类模型对煤炭光谱进行训练，确定分类模型。

(3) 对未知产地光谱进行煤产地鉴别。将未知产地光谱输入到训练好的分类模型中，得到该煤样光谱的产地，并利用准确率对产地模型进行评估。

本章主要对煤样近红外光谱分析做数学建模，鉴别出煤炭产地。所以课题的重点是对煤炭的光谱进行预处理和建立分类模型，当然在这之前要对煤炭进行采集和制样，得到煤炭的近红外光谱，将采集的光谱训练样本输入到预处理算法和分类模型中，确定分类模型参数。该系统主要由图 7-17 中的 4 大模块组成，分别为系统管理、光谱预处理、模型建立和预测分类，该系统框图如图 7-17 所示。

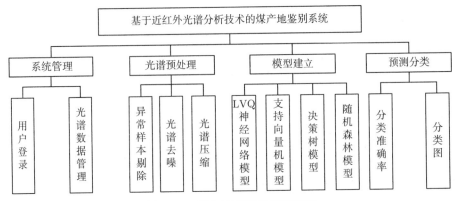

图 7-17　煤产地鉴别系统框架图

7.7　本章小结

利用近红外光谱分析技术快速检测煤炭质量可分为定量分析和定性分析两种模式。本章研究基于支持向量机、LVQ 神经网络、决策树算法和随机森林算法的定性分析模型，主要用于煤炭产地的鉴别。

(1) 构建了基于支持向量机的煤质近红外光谱定性分析模型，使用 Sigmoid 核函数的支持向量机为含隐含层的多层感知器，产地鉴别的整体正确率为 85.42%；基于 LVQ 神经网络的定性分析模型，其中 LVQ1 神经网络模型的准确率为 76.67%，LVQ2 神经网络模型的准确率为 80%；基于决策树算法的定性分析模型，准确率为 83.33%。

(2) 构建了基于随机森林的定性分析模型，采用 CART 算法生成决策树，随机选择输入变量，以 OOB 估计为评价指标，采用遍历的方式搜寻核心参数 Ntree 的最优解，模型正确率 89.58%。针对非平衡样本集问题，引入 SMOTE 算法，提出了基于 SMOTE-RF 的定性分析模型，增加少数类样本，平衡样本集，模型的正确率达到 97.92%，大幅提高了少数类样本的预测精度并增强了模型的鲁棒性。

参 考 文 献

[1] 刘炯天. 关于我国煤炭能源低碳发展的思考 [J]. 中国矿业大学学报 (社会科学版), 2011, 1: 5-12.

[2] 何选明. 煤化学 [M]. 2 版. 北京: 冶金工业出版社, 2010.

[3] 邢志良. 煤炭生产中全过程质量控制方法研究 [J]. 中国矿业, 2010, 19(3): 44-47.

[4] 滕吉文, 张雪梅, 杨辉. 中国主体能源——煤炭的第二深度空间勘探、开发和高效利用 [J]. 地球物理学进展, 2008, 23(4): 972-992.

[5] 杨尊献, 刘中胜, 谢广元, 等. 滕南煤田煤质细分与市场定位 [J]. 煤炭加工与综合利用, 2017, 7: 71-73.

[6] 张双全, 吴国光. 煤化学 [M]. 徐州: 中国矿业大学出版社, 2004.

[7] 于实, 李丰田. 煤质检测分析新技术新方法与化验结果的审查计算实用手册 [M]. 北京: 当代中国音像出版社, 2005.

[8] 施玉英. 煤炭分析试验仪器设备的使用与维修 [M]. 北京: 煤炭工业出版社, 2007.

[9] 陆婉珍, 袁洪福, 褚小立. 近红外光谱仪器 [M]. 北京: 化学工业出版社, 2010.

[10] Yasukuni R, Boubekri R, Grand J, et al. Specific and nondestructive detection of different diarylethene isomers by NIR-SERS[J]. Journal of Physical Chemistry C, 2012, 116(30): 16063-16069.

[11] Bahareh J, Saeid M, Ezzedin M, et al. Reflectance Vis/NIR spectroscopy for nondestructive taste characterization of Valencia oranges[J]. Computers and Electronics in Agriculture, 2012, 85: 64-69.

[12] Ni Y, Shao Y N, He Y. Fast nondestructive measurement and discrimination of tablet based on Vis/NIR spectroscopy and chemometrics[J].Applied Mechanics and Materials, 2011,(48-49): 506-510.

[13] Grau R, Sánchez A J, Girón J, et al. Nondestructive assessment of freshness in packaged sliced chicken breasts using SW-NIR spectroscopy[J]. Food Research International, 2011, 44(1): 331-337.

[14] Tripathi S, Patel K G, Bafna A M. Nondestructive determination of curcuminoids from turmeric powder using FT-NIR[J]. Journal of Food Science and Technology-Mysore, 2010, 47(6): 678-681.

[15] 赵江. 煤质分析中基准的确定和不同基的换算公式 [J]. 广州化工, 2014, 42(10): 43-45.

[16] 中华人民共和国国家质量监督检验检疫总局, 中国国家标准化管理委员会. 煤中全水分的测定方法 [S]. GB/T 211—2017. 北京: 中国标准出版社, 2017.

[17] 中华人民共和国国家质量监督检验检疫总局, 中国国家标准化管理委员会. 煤的工业分析

方法 [S]. GB/T 212—2008. 北京: 中国标准出版社, 2008.

[18] 中华人民共和国国家质量监督检验检疫总局, 中国国家标准化管理委员会. 煤的发热量测定方法 [S]. GB/T 213—2008. 北京: 中国标准出版社, 2008.

[19] 谢晓霞, 付利俊, 庞文娟. 影响煤工业分析特性指标检测的关键步骤 [J]. 煤质技术, 2010, 6: 33-34.

[20] Gu D S, Cheng D W, Yin J, et al. Rapid analysis of coal properties[J]. IEEE Instrumentation and Measurement Magazine, 2005, 12: 22-27.

[21] Xia W C, Yang J G, Liang C. Effect of microwave pretreatment on oxidized coal flotation[J]. Powder Technology, 2013, 233: 186-189.

[22] Fu H L, Shen Z L. Microwave heating-based analysis method for the coal moisture content[J]. Energy Education Science and Technology Part A-energy Science and Research, 2011, 28(1): 293-300.

[23] Arash T, Yu J L, Li X C, et al. Experimental study on microwave drying of Chinese and Indonesian low-rank coals[J]. Fuel Processing Technology, 2011, 92(10): 1821-1829.

[24] Ozbayoglu G, Depci T, Ataman N. Effect of microwave radiation on coal flotation[J]. Energy Sources Part A-Recovery Utilization and Environmental Effects, 2009, 31(6): 492-499.

[25] Liu H Y, Tan H Z, Gao Q, et al. Experimental study of fast measuring moisture content of coal by microwave[C]. Proceedings of the 7th International Symposium on Test and Measurement, Beijing, 2007: 1937-1941.

[26] 王辉东. 中子活化煤质在线分析及 β 辐射伏特核电池能量输运研究 [D]. 长春: 吉林大学, 2012.

[27] He L L, Melnichenko Y B, Mastalerz M, et al. Pore accessibility by methane and carbon dioxide in coal as determined by neutron scattering[J]. Energy and Fuels, 2012, 26(3): 1975-1983.

[28] Rey-Ronco M A, Alonso-Sánchez T, Castro-García M P. Neutron activation of deferred gamma rays: Steps to determine the usefulness of this technique in analyzing elements of a mineral sample[C]. Proceedings of the 5th Meeting of the Spanish Neutron Scattering Association, Gijón, 2011, 325: 12025-12029.

[29] Lim C S, Abernethy D A. On-line coal analysis using fast neutron-induced gamma-rays[J]. Applied Radiation and Isotopes, 2005, 63(5-6): 697-704.

[30] Akkaya A V. Predicting coal heating values using proximate analysis via a neural network approach[J]. Energy Sources Part A-Recovery Utilization and Environmental Effects, 2013, 35(3): 253-260.

[31] 王建军, 王世营, 雷萌. 粒子群优化算法在煤炭发热量预测模型中的应用 [J]. 工矿自动化, 2012, 5: 50-53.

[32] Pusat S, Akkoyunlu M T, Pekel E, et al. Estimation of coal moisture content in convective drying process using ANFIS[J]. Fuel Processing Technology, 2016, 147: 12-17.

[33] Guo X C, Wang K X. Application and research of SVM in coal mine fan condition monitoring[C]. The 5th International Symposium on Knowledge Acquisition and Modeling, London, 2015: 136-139.

[34] Chelgani S C, Matin S S, Hower J C. Explaining relationships between coke quality index and coal properties by Random Forest method[J]. Fuel, 2016, 182: 754-760.

[35] 张进春, 吴超. 基于多重多元回归的焦炭质量预测模型 [J]. 科技导报, 2010, 28(12): 79-84.

[36] Burgess C, Hammond J. Exploring the "forgotten" region-an update on NIR spectrometry[J]. Spectroscopy Europe, 2009, 21(2): 28-31.

[37] 严衍禄, 赵龙莲, 韩东海, 等. 近红外光谱分析基础及应用 [M]. 北京: 中国轻工业出版社, 2005.

[38] Blanco M, Villarroya I. NIR spectroscopy: A rapid-response analytical tool[J]. Trends in Analytical Chemistry, 2002, 21(4): 240-250.

[39] 褚小立, 陆婉珍. 近五年我国近红外光谱分析技术研究与应用进展 [J]. 光谱学与光谱分析, 2014, 10: 2595-2605.

[40] Guo L, Zhao C, Zhang H T, et al. Comparisons of spatial and non-spatial models for predicting soil carbon content based on visible and near-infrared spectral technology[J]. Geoderma, 2017, 285: 280-292.

[41] Tourvieille J N, Larachi F, Duchesne C, et al. NIR hyperspectral investigation of extraction kinetics of ionic-liquid assisted bitumen extraction [J]. Chemical Engineering Journal, 2017, 308: 1185-1199.

[42] Li S F, Zhang X, Shan Y, et al. Qualitative and quantitative detection of honey adulterated with high-fructose corn syrup and maltose syrup by using near-infrared spectroscopy[J]. Food Chemistry, 2017, 218: 231-236.

[43] Elzey B, Pollard D, Fakayode S O. Determination of adulterated neem and flaxseed oil compositions by FTIR spectroscopy and multivariate regression analysis [J]. Food Control, 2016, 68: 303-309.

[44] Morellos A, Pantazi X E, Moshou D. Machine learning based prediction of soil total nitrogen, organic carbon and moisture content by using VIS-NIR spectroscopy[J]. Biosystems Engineering, 2016, 152: 104-116.

[45] Ramos C C O, Clerice G A M, Castro B A. Artificial intelligence techniques and near-infrared spectroscopy for nitrogen content identification in sugar cane crops[C]. 2016 IEEE International Conference on Automatica, Curico, 2016: 19-21.

[46] Kaihara M, Takahashi T, Akazawa T, et al. Application of near infrared spectroscopy to rapid analysis of coals[J]. Spectroscopy Letters, 2002, 35(3): 369-376.

[47] Andres J M, Bona M T. Analysis of coal by diffuse reflectance near-infrared spectroscopy[J]. Analytica Chimica Acta, 2005, 535: 123-132.

[48] Andres J M, Bona M T. Coal analysis by diffuse reflectance near-infrared spectroscopy: Hierarchical cluster and linear discrimination analysis[J]. Talanta, 2007, 72: 1423-1431.

[49] Andres J M, Bona M T. ASTM clustering for improving coal analysis by near-infrared spectroscopy[J]. Talanta, 2006, 70: 711-719.

[50] Dong W K, Jong M L, Jae S K. Application of near infrared diffuse reflectance spectroscopy for on-line measurement of coal properties[J]. Korean Journal of Chemical Engineering, 2009, 26(2): 489-495.

[51] 武中臣, 熊智新, 王海东, 等. 褐煤品质的傅里叶变换近红外光谱定量分析 [J]. 光谱实验室, 2008, 25(5): 819-823.

[52] 丁仁杰, 张笑. 基于近红外光谱分析的电厂煤质分类快速检测方法 [J]. 电站系统工程, 2007, 23(1): 32-34.

[53] 邬蓓蕾, 林振兴, 王群威, 等. 傅立叶变换近红外光谱定量分析煤炭挥发分 [J]. 岩矿测试, 2006, 25(2): 133-136.

[54] 邬蓓蕾, 林振兴, 王群威. 傅立叶变换近红外光谱法快速测定煤炭的空干基水分 [J]. 煤质技术, 2005, 6: 73-74.

[55] 李凤瑞, 唐玉国, 肖宝兰. 应用近红外光谱分析技术测量煤质发热量 [J]. 电站系统工程, 2004, 20(3): 19-20.

[56] 李凤瑞, 唐玉国, 肖宝兰. 近红外光谱分析技术预测煤质挥发分含量模型的研究 [J]. 热能动力工程, 2003, 18(6): 582-583.

[57] Disla J M S, Janik L, McLaughlin M J, et al. The use of diffuse reflectance mid-infrared spectroscopy for the prediction of the concentration of chemical elements estimated by X-ray fluorescence in agricultural and grazing European soils[J]. Applied Geochemistry, 2013, 29: 135-143.

[58] Crabtree K N, Hodges J N, Siller B M, et al. Sub-doppler mid-infrared spectroscopy of molecular ions[J]. Chemical Physics Letters, 2012, 551: 1-6.

[59] Capito F, Skudas R, Kolmar H, et al. Host cell protein quantification by Fourier transform mid-infrared spectroscopy (FT-MIR)[J]. Biotechnology and Bioengineering, 2013, 110(1): 252-259.

[60] Ozturk B, Yucesoy D, Ozen B. Application of mid-infrared spectroscopy for the measurement of several quality parameters of alcoholic beverages, wine and raki[J]. Food Analytical Methods, 2012, 5(6): 1435-1442.

[61] Wu Z C, Tao L, Zhang P Y, et al. Diffuse reflectance mid-infrared Fourier transform spectroscopy for rapid identification of dried sea cucumber products from different geographical areas[J]. Vibrational Spectroscopy, 2010, 53: 222-226.

[62] Zhang Y, Gao W Z, Song Z Y, et al. Design of a novel gas sensor structure based on mid-infrared absorption spectrum[J]. Sensors and Actuators B, 2010, 147: 5-9.

[63] Kos G, Lohninger H, Krska R. Development of a method for the determination of fusarium fungi on corn using mid-infrared spectroscopy with attenuated total reflection and chemometrics[J]. Analytical Chemistry, 2003, 75(5): 1211-1217.

[64] Geng W H, Nakajima T, Takanashi H, et al. Analysis of carboxyl group in coal and coal aromaticity by Fourier transform infrared (FT-IR) spectrometry[J]. Fuel, 2009, 88: 139-144.

[65] Bona M T, Andres J M. Reflection and transmission mid-infrared spectroscopy for rapid determination of coal properties by multivariate analysis[J]. Talanta, 2008, 74: 998-1007.

[66] 刘建学. 实用近红外光谱分析技术 [M]. 北京: 科学出版社, 2008.

[67] 李民赞. 光谱分析技术及其应用 [M]. 北京: 科学出版社, 2006.

[68] 杨国春, 陈世浩. 用莫尔斯势对双原子分子振动光谱的理论研究 [J]. 东北师大学报自然科学版, 2004, 36(1): 50-54.

[69] 蒋世新. 原子吸收光谱法微量分析中朗伯–比尔定律的应用 [J]. 新疆有色金属, 2009, 1: 57-58.

[70] 刘永德, 曾凯, 韦鹏, 等. 朗伯–比尔定律偏差分析 [J]. 中国水运, 2006, 8(11): 236-237.

[71] 杨起, 韩德馨. 中国煤田地质学 [M]. 北京: 煤炭工业出版社, 1982.

[72] 李小明, 曹代勇. 不同变质类型煤的结构演化特征及其地质意义 [J]. 中国矿业大学学报, 2012, 41(1): 74-81.

[73] 李英华. 煤质分析应用技术指南 [M]. 2 版. 北京: 中国标准出版社, 2009.

[74] 中华人民共和国国家质量监督检验检疫总局, 中国国家标准化管理委员会. 中国煤炭分类 [S]. GB/T 5751—2009. 北京: 中国标准出版社, 2009.

[75] 崔村丽. 我国煤炭资源及其分布特征 [J]. 科技情报开发与经济, 2011, 21(24): 181-182.

[76] 中华人民共和国国家质量监督检验检疫总局, 中国国家标准化管理委员会. 商品煤样人工采取方法 [S]. GB/T 475—2008. 北京: 中国标准出版社, 2008.

[77] 中华人民共和国国家质量监督检验检疫总局, 中国国家标准化管理委员会. 煤样的制备方法 [S]. GB/T 474—2008. 北京: 中国标准出版社, 2008.

[78] 张小超, 吴静珠, 徐云. 近红外光谱分析技术及其在现代农业的应用 [M]. 北京: 电子工业出版社, 2012.

[79] Giuseppe T, Åsmund R, Andrea P, et al. The use of near-infrared (NIR) spectroscopy and principal component analysis (PCA) to discriminate bark and wood of the most common species of the pellet sector[J]. Energy Fuels, 2017, 31(3): 2814-2821.

[80] Fazal M, Farah J, Manzor A, et al. Development of new NIR-spectroscopy method combined with multivariate analysis for detection of adulteration in camel milk with goat milk[J]. Food Chemistry, 2017, 221(15): 746-750.

[81] 王惠文, 吴载斌, 孟洁. 偏最小二乘回归的线性与非线性方法 [M]. 北京: 国防工业出版社, 2006.

[82] Genisheva Z, Quintelas C, Mesquita D P, et al. New PLS analysis approach to wine volatile compounds characterization by near infrared spectroscopy (NIR)[J]. Food Chemistry, 2018, 246: 172-178.

[83] Fernández-Espinosa A J. Combining PLS regression with portable NIR spectroscopy to on-line monitor quality parameters in intact olives for determining optimal harvesting

time[J]. Talanta, 2016, 148: 216-228.

[84] 胡昌勤, 冯艳春. 近红外光谱法快速分析药品 [M]. 北京: 化学工业出版社, 2010.

[85] 蒋宗礼. 人工神经网络 [M]. 北京: 高等教育出版社, 2001.

[86] Simon H. 神经网络与机器学习 [M]. 3 版. 申富饶, 徐烨, 郑俊, 等, 译. 北京: 机械工业出版社, 2011.

[87] 李燕, 王俊德, 顾炳和, 等. 人工神经网络及其在光谱分析中的应用 [J]. 光谱学与光谱分析, 1999, 19(6): 844-849.

[88] Zhang X D, Chen L, Sun Y B, et al. Determination of zinc oxide content of mineral medicine calamine using near-infrared spectroscopy based on MIV and BP-ANN algorithm[J]. Spectrochimica Acta Part A: Molecular and Biomolecular Spectroscopy, 2018, 193:133-140.

[89] Sun Y B, Chen L, Huang B S, et al. A rapid identification method for calamine using near-infrared spectroscopy based on multi-reference correlation coefficient method and back propagation artificial neural network[J]. Applied Spectroscopy, 2017, 71 (7): 1447-1456.

[90] Zhang Y X, Gao X D, Katayama S. Weld appearance prediction with BP neural network improved by genetic algorithm during disk laser welding[J]. Journal of Manufacturing Systems, 2015, 34: 53-59.

[91] 雷萌, 李明, 徐志彬. 遗传神经网络在近红外光谱煤质分析中的应用研究 [J]. 工矿自动化, 2010, 2: 41-43.

[92] 雷萌, 李明, 吴楠, 等. 粒度对煤质近红外定量分析模型的影响 [J]. 光谱学与光谱分析, 2013, 33(1): 65-68.

[93] 王建义, 雷萌. 近红外光谱煤质分析模型中异常样品的剔除方法 [J]. 工矿自动化, 2011, 1: 75-77.

[94] 刘翠玲, 胡玉君, 吴胜男, 等. 近红外光谱奇异样本剔除方法研究 [J]. 食品科学技术学报, 2014, 32(5): 74-78.

[95] 郑峰, 王睿, 宦克为, 等. 粳米近红外光谱模型中基于拉依达准则的异常值剔除方法 [J]. 光谱学与光谱分析, 2012, 32(10): 133-134.

[96] 李纪鑫. 免疫算法在异常光谱识别中的应用研究 [D]. 西安: 西安工业大学, 2014.

[97] 赵振英, 林君, 张怀柱. 近红外光谱法分析油页岩含油率中异常样品识别和剔除方法的研究 [J]. 光谱学与光谱分析, 2014, 34(6): 1707-1710.

[98] Mahalanobis P C.On the generalized distance in statistics[C]. Proceedings of the National Institute of Science, Calcutta,1936: 49-55.

[99] Hawkins D.Identification of Outliers[M]. London: Chapman and Hall, 1980.

[100] Richard O D, Hart P E, Stork D G. Pattern Classification[M]. 李宏东, 姚天翔, 译. 北京: 机械工程出版社, 2007.

[101] 李柏年, 吴礼斌. MATLAB 数据分析方法 [M]. 北京: 机械工业出版社, 2012.

[102] 雷萌, 李明, 石莹. 煤质近红外分析模型中争议光谱的判别 [J]. 仪器仪表学报, 2013, 34(4): 902-908.

[103] Sergios T, Konstantinos K. 模式识别 [M]. 4 版. 李晶皎, 王爱侠, 张广渊, 等, 译. 北京: 电子工业出版社, 2010.

[104] 陆婉珍. 现代近红外光谱分析技术 [M]. 2 版. 北京: 中国石化出版社, 2007.

[105] Geladi P, Macdougall D, Martens H.Linearization and scatter-correction for near-infrared reflectance spectra of meat[J]. Applied Spectroscopy,1985, 39(3): 491-500.

[106] Isaksson T, Kowalski B R.Piece-wise multiplicative scatter correction applied to near-infrared transmittance data from meat products[J]. Applied Spectroscopy, 1993, 47(6): 702-709.

[107] 雷萌, 李明, 马小平, 等. 基于拟线性局部加权法的煤样光谱散射校正 [J]. 光谱学与光谱分析, 2014, 34(7): 1816-1820.

[108] 梁逸曾, 俞汝勤. 分析化学手册 (10)—— 化学计量学 [M]. 北京: 化工出版社, 2001.

[109] Huang L H.A roughness-penalty view of kernel smoothing[J]. Statistics and Probability Letters, 2001, 52(1): 85-89.

[110] Kennedy J, Eberhart R C.Particle swarm optimization[C]. Proceedings of the IEEE International Conference on Neural Networks,Perth, 1995: 1942-1948.

[111] Whitley D C, Ford M G, Livingstone D J.Unsupervised forward selection: A method for eliminating redundant variables[J]. Journal of Chemical Information and Computer Sciences, 2000, 40(5): 1160-1168.

[112] 徐云. 农产品品质检测中的近红外光谱分析方法研究 [D]. 北京: 中国农业大学, 2009.

[113] Davis L.Handbook of genetic algorithms[M]. New York: Van Nostrand Reinhold, 1991.

[114] Xu Z B, Yu L, Lei M, et al. Application research on coal analysis of near infrared spectroscopy (NIRS) by intelligent algorithms[C]. Proceedings of the 22nd Chinese Control and Decision Conference, Xuzhou,2010: 2416-2419.

[115] 雷萌, 李明. 采用 KPCA 特征提取的近红外发热量预测模型 [J]. 化工学报, 2012, 36(12): 3991-3995.

[116] Erik C, Thomas M, Amir H.Application of multi-dimensional scaling and artificial neural networks for biologically inspired opinion mining[J].Biologically Inspired Cognitive Architectures, 2013,4:41-53.

[117] Ziaur R, Adnan I, Asifullah K. Multi-dimensional scaling based grouping of known complexes and intelligent protein complex detection[J]. Computational Biology and Chemistry, 2018, 74: 149-156.

[118] Li Y. Locally multi-dimensional scaling for nonlinear dimensionality reduction[C]. Proceedings of the 18th International Conference，Hong Kong, 2006: 202-205.

[119] 雷迎科. 流形学习算法及其应用研究 [D]. 合肥: 中国科学技术大学，2011.

[120] 洪明坚, 温志渝, 张小洪. 一种基于流形学习的近红外光谱分析建模方法 [J]. 光谱学与光谱分析, 2009, 29(7): 1793-1796.

[121] 高丽. 评估几种流行学习降维分类器应用于癌症数据的性能 [D]. 天津：天津师范大学，2012.

[122] Xu S X, Zhao Y C, Wang M Y,et al.Determination of rice root density from Vis–NIR spectroscopy by support vector machine regression and spectral variable selection techniques[J]. Catena. 2017, 157: 12-23.

[123] Malegori C, Nascimento Marques E J, de Freitas S T,et al.Comparing the analytical performances of Micro-NIR and FT-NIR spectrometers in the evaluation of acerola fruit quality, using PLS and SVM regression algorithms[J]. Talanta, 2017, 165: 112-116.

[124] 曾绍华. 支持向量回归机算法理论研究与应用 [D]. 重庆：重庆大学, 2016.

[125] 李洋. 基于信息粒化的机器学习分类及回归预测分析 [D]. 北京：北京师范大学，2009.

[126] Ying Y W, Jin W, Yu H X, et al.Development of particle swarm optimization–support vector regression (PSO‐SVR) coupled with microwave plasma torch–atomic emission spectrometry for quality control of ginsengs[J]. Journal of Chemometrics, 2017, 31(1): 2862.

[127] Kumar T L M, Prajneshu. Nonlinear support vector regression model selection using particle swarm optimization algorithm[J]. National Academy Science Letters, 2017, 40(2): 79-85.

[128] Breiman L. Random forests[J]. Machine Learning, 2001, 45(1): 5-32.

[129] 周在进, 刘刚, 任先培. 中红外光谱和分层抽样法应用于野生菌的快速鉴别 [J]. 激光与红外, 2010, 40(9): 970-975.

[130] 杜丽萍, 李晓戈, 周元哲, 等. 互信息改进方法在术语抽取中的应用 [J]. 计算机应用, 2015, 35(4): 996-1000.

[131] Simon H. 神经网络与机器学习 [M]. 3 版. 申富饶, 徐烨, 郑俊, 等, 译. 北京: 机械工业出版社, 2011.

[132] Vesanto J, Alhoniemi E.Clustering of the self-organizing map[J]. IEEE Transactions on Neural Networks, 2000, 11(3): 586-600.

[133] Du D J, Li K, Fei M R. A fast multi-output RBF neural network construction method[J]. Neurocomputing, 2010, 73(10-12): 2196-2202.

[134] Hansen L K,Salamon P.Neural network ensembles[J]. IEEE Transactions on Pattern Analysis and Machine Intelligence, 1990, 12(10): 993-1001.

[135] 雷萌, 李明, 吴楠, 等. 基于神经网络集成的挥发分近红外回归模型 [J]. 中国矿业大学学报, 2013, 42(2): 291-295.

[136] Schuldt C, Laptev I, Caputo B. Recognizing human action: A local SVM approach[J]. 2004, 3(17): 32-36.

[137] Wang Y S, Yang M, Wei G, et al. Improved PLS regression based on SVM classification for rapid analysis of coal properties by near-infrared reflectance spectroscopy[J]. Sensors and Actuators B: Chemical, 2014, 193(31): 723-729.

[138] Bona E,Marquetti I,Link J V, et al.Support vector machines in tandem with infrared spectroscopy for geographical classification of green arabica coffee[J]. LWT-Food Science and Technology, 2017, 76: 330-336.

[139] Debaene G, Pikuła D, Niedźwiecki J. Use of VIS-NIRS for land management classification with a support vector machine and prediction of soil organic carbon and other soil properties[J]. Ciencia E Investigación AGRARIA, 2014, 41(1):21-32.

[140] 肖晓, 徐启华. 基于 SVM 与 BP 的分类与回归比较研究 [J]. 新型工业化, 2014，(5): 48-53.

[141] Biehl M, Ghosh A, Hammer B. Dynamics and generalization ability of LVQ algorithms[J]. Journal of Machine Learning Research, 2007, 8(2): 323-360.

[142] Amezcua J, Melin P. Optimization of the LVQ network architecture with a modular approach for arrhythmia classification using PSO[M]. Springer International Publishing, 2016, 21(1): 265-272.

[143] 谢妞妞. 决策树算法综述 [J]. 软件导刊, 2015, 14(11): 63-65.

[144] Jin C, Luo D L, Mu F X. An improved ID3 decision tree algorithm[C]. The 4th International Conference on Computer Science and Education, Nanning，2014: 127-130.

[145] Ochs W, Bayer W. Quantum states with maximum information entropy[J]. Zeitschrift Für Naturforschung A, 2014, 28(5): 693-701.

[146] Koshal J, Bag M. Cascading of C4.5 decision tree and support vector machine for rule based intrusion detection system[J]. International Journal of Computer Network andInformation Security, 2012, 8(8): 394-400.

[147] Zhang H. Bayesian CART model search: Comment[J]. Journal of the American Statistical Association, 1998, 93(443): 948-950.

[148] 卢晓勇, 陈木生. 基于随机森林和欠采样集成的垃圾网页检测 [J]. 计算机应用, 2016, 36(3): 731-734.

[149] Friedman J, Hastie T, Tibshirani R. Additive logistic regression: A statistical view of boosting[J]. Annals of Statistics, 2000, 28(2): 337-374.

[150] 曹正凤. 随机森林算法优化研究 [D]. 北京: 首都经济贸易大学, 2014.

[151] 罗超. 面向高维数据的随机森林算法优化探讨 [J]. 商, 2016, (4): 207+199.

[152] Blagus R, Lusa L. SMOTE for high-dimensional class-imbalanced data[J]. BMC Bioinformatics, 2013, 14(1): 1-16.

[153] 桑树勋. 成煤环境的比较沉积学研究 [M]. 徐州: 中国矿业大学出版社, 1997.

[154] 王世昌, 章明富. 世界典型动力煤挥发分发热量分布规律 [J]. 动力工程学报, 2013, 33(5): 346-350.

附　　录

主要试验分析仪器设备简介

1. FD115 电热鼓风干燥箱/强制对流干燥箱/烘箱

德国 Binder 公司 FD 系列强制对流烘箱采用强对流方法可以获得较高干燥速率，升温速度也较快；而采用大功率的空气涡轮机则提高了效率。由于空气流动率高，所以干燥效率也特别高，另外有助于消除令人讨厌的烟雾。特别是当满载情况下，温度控制的正确性仍得到了进一步的提高，从而最大限度地确保了温度恒定性。

主要特点：

(1) 由于采用了功率强大的空气涡轮机，可通过强制对流方式对较多数量样品实现快速均匀的干燥效果；

(2) 0~99 h 59 min 定时范围的电子定时器，而且可以连续进行；

(3) 可以进行校准和验证；

(4) 采用RS422通信接口，适用于APTCOM数据控制系统的标准软件(可选件)。

主要参数：

门数：1

内腔体积：115 L

温度范围：300℃

外部尺寸 $(W \times H \times D)$：834 mm×702 mm×645 mm

内腔尺寸 $(W \times H \times D)$：800 mm×600 mm×500 mm

2. AAF 灰化马弗炉

英国 Carbolite 公司 AAF12/18 灰化马弗炉最高工作温度为 1200℃，炉腔体积 18 L。适合食品、塑料、煤炭和碳氢化合物的灰化实验。采用电阻丝加热，加热部件安装在坚固的高质陶瓷材料面板内，分布于上下左右四面以补偿热能损失，能避免化学腐蚀和机械磨损。采用空气预热设计，尽管炉腔内气流量较大，预热空气确保炉腔内部出色的温度均匀性。高烟囱和空气进口形成对流确保每分钟 4~5 炉腔体积的高气流量。进入的预热空气不会影响坩埚内样品和炉膛的温度。

主要特点：

(1) 最高工作温度 1200℃；

　　(2) 适用于食品、塑料、煤炭和其他碳氢化合物灰化炉;

　　(3) 符合标准: BS 1016-104.4:1998, ISO 1171:1997, ASTM D2361-02, ASTM D3174-04;

　　(4) 较高的温度可作为一个通用炉也适合于标准的灰化实验;

　　(5) 内膛采用碳硅材料防止加热元件碳化;

　　(6) 采用大功率加热元件补偿高气流导致的热量损失;

　　(7) 空气预热后进入炉膛,确保良好的温度均匀性;

　　(8) 大底板面积设计可同时处理大量样品;

　　(9) 矮长炉腔有利于样品和气流接触从而优化燃烧实验。

主要参数:

内腔体积: 18 L

最高温度: 1200℃

加热时间: 70 min

整机重量: 70 kg

外部尺寸 $(W \times H \times D)$: 705 mm×505 mm×675 mm

内腔尺寸 $(W \times H \times D)$: 196 mm×235 mm×400 mm

3. VMF 挥发分马弗炉

　　Carbolite-VMF10/6 挥发分马弗炉配套坩埚架,小自由度充氮烘箱配套坩埚,轻质真空型绝缘材料和优质的加热元件确保炉子快速升温,煤炭、电力行业煤质挥发分检测专用马弗炉。

主要特点:

　　(1) 挥发分马弗炉最高使用温度 1000℃;

　　(2) 符合 ISO 562 标准的规定;

　　(3) 轻质真空型绝缘材料和优质的加热元件确保炉子快速升温;

　　(4) 炉门垂直拉出后可平行向上推开,防止热辐射对人的伤害;

　　(5) 炉门开启时加热元件自动切断电源,保证了操作人员的安全。

主要参数:

内腔体积: 5.5 L

最高温度: 1000℃

外部尺寸 $(W \times H \times D)$: 655 mm×435 mm×610 mm

内腔尺寸 $(W \times H \times D)$: 100 mm×210 mm×260 mm

4. C5000 量热仪

　　德国 IKA 公司生产的 C5000 量热系统采用模块化设计,是目前唯一可提供 3

种可选测量模式的量热仪系统。可在绝热、等温和快速动态三种模式下测量固态和液态样品的热值。高度的自动化和众多的选配件，可最大限度地满足用户需求。自动水控制系统，包括温度调节、量热仪内桶注水和排空，连续工作。

主要特点：

(1) 自动水控制系统，包括温度调节、量热仪内桶注水和排空；

(2) 分解氧弹自动充氧和放氧；

(3) 热值测量符合以下标准：DIN 51900、ISO 1928、ASTM D240、GB/T 213—2008 等；

(4) 配备如下接口：天平、打印机、监控器和样品架；

(5) 5040 CalWin 量热仪软件可用来控制量热仪系统并可对测量数据加以管理；

(6) 专为硫和卤素定量分解设计的防卤素分解氧弹。

技术参数：

测量范围：40000 J

测量时间：绝热 15 min、等温 22 min、快速动态 10 min

氧弹耐压：>300 bar

测量可再现性：热/等温 0.05%

操作氧气压力：30 bar

外形尺寸 ($W \times H \times D$)：740 mm×380 mm×400 mm

5. KERP-180×150 型密封锤式破碎机

镇江市科瑞制样设备有限公司在总结汲取国外制样设备先进技术的基础上，依据《煤样的制备方法》(GB/T 474—2008) 和《商品煤质量抽查和验收方法》(GB/T 18666—2014) 等标准的相关要求，在原 PZC 型基础上改进完善了新型环锤式破碎设备。广泛用于煤炭、电力、冶金、化工、地质、科研等部门。

主要特点：

(1) 全密封设计，无粉尘污染，符合环保要求；

(2) 破碎工作腔为 ZG45 精密铸造，耐磨耐用，有效防止样品污染和过热；

(3) 全宽度高锰钢锤头，对物料进行全断面破碎，工作腔不堵塞，无死角存样现象；

(4) 破碎比大，出料粒度均匀，制样效率高；

(5) 适应水分含量大的料样，不堵塞，不损失料样水分；

(6) 操作、清扫、维护均十分方便；

(7) 运转平稳，噪声低，底部有脚轮，移动方便；

(8) 一切传动部件均有防护设施，符合安全生产要求。

主要参数：

给料粒度：≤50 mm

出料粒度：< 13 mm、< 3 mm、< 1 mm (可调)

生产率：600~300 kg/h

整机重量：200 kg

外形尺寸 ($H \times W \times D$)：700 mm×580 mm×1130 mm

6. 美国 Thermo Fisher 分子光谱部 Antaris II 傅里叶变换近红外光谱分析仪

美国 Thermo Fisher 分子光谱部 Antaris II 傅里叶变换近红外光谱分析仪是最新一代专业傅里叶变换近红外光谱系统，配备了长寿命、高稳定性卤素 NIR 光源，无摩擦、稳定、长寿命的迈克耳孙干涉仪，以及高灵敏度、高稳定性的 InGaAs 检测器。该仪器具备实验室研究级近红外仪器所要求的最高性能，功能集成，可分析各种状态的样品，能够适应工业操作环境，使用和维护成本低，仪器的分析结果稳定、重现高，确保模型转移准确可靠、方便快捷。

主要特点：

(1) 分析速度快、效率高，测量过程大约可在 1min 内完成，可多组分同时检测；

(2) 适用的样品范围广，可以直接测量液体、固体、半固体和胶状体等样品的光谱；

(3) 样品一般不需要预处理；

(4) 测试重现性好；

(5) 近红外在普通光纤中具有良好的传输特性，便于实现在线分析；

(6) 对操作人员的要求不苛刻，经过简单的培训就可胜任工作。

关键性能指标

光谱范围：波数范围是 12000~3800 cm^{-1}

波长范围：833~2630 nm

分辨率：标准 4 cm^{-1}

波数精度：± 0.03 cm^{-1}

波数重现性：优于 0.05 cm^{-1}

波数重复性：10 次测量相对标准偏差 <0.006 nm^{-1}

光度线性 (USP)：斜率 1.0 ± 0.05、截距 0.0±0.05

仪器尺寸 ($H \times W \times D$)：685 mm×406 mm×330 mm